高等职业教育"十二五"机电类规划教材

数控车削编程与操作

主　编　李宗义　张庆华
副主编　廉　军　孙永忠
参　编　董建民　李小军
　　　　容康明　刘晓花

机械工业出版社

本书包括七个模块的内容。其中,模块一概述了数控车床基础知识;模块二~五分别介绍了数控车床上常见的典型零件如轴类零件、螺纹类零件、盘类零件和套类零件的加工工艺,以及切槽与切断加工方法;模块六介绍的是复杂零件的加工;模块七介绍了非圆曲线轮廓类零件的加工。本书以培养技术应用型人才为目的,注重实用性,强调理论联系实际。

本书可作为高等职业院校数控技术、机电一体化技术、机电设备维修与管理、模具设计与制造、机械制造与自动化等专业的实践教学教材,也可供有关专业的师生和从事相关工作的科技人员参考。

图书在版编目（CIP）数据

数控车削编程与操作/李宗义,张庆华主编. —北京:机械工业出版社,2016.12

高等职业教育"十二五"机电类规划教材

ISBN 978-7-111-55493-6

Ⅰ.①数… Ⅱ.①李… ②张… Ⅲ.①数控机床-车床-车削-程序设计-高等职业教育-教材②数控机床-车床-车削-操作-高等职业教育-教材 Ⅳ.①TG519.1

中国版本图书馆 CIP 数据核字（2016）第 279166 号

机械工业出版社（北京市百万庄大街22号 邮政编码100037）
策划编辑:王英杰 责任编辑:王英杰 刘良超 武 晋
责任校对:肖 琳 封面设计:陈 沛
责任印制:常天培
唐山三艺印务有限公司印刷
2017年2月第1版第1次印刷
184mm×260mm · 7.5印张 · 178千字
0001—1900 册
标准书号:ISBN 978-7-111-55493-6
定价:20.00元

前　言

数控编程是数控技术专业的核心课程，是数控技术专业学生就业岗位——数控编程员、数控工艺员、数控加工设备操作工要求必须掌握的知识。

本书以培养学生的零件数控加工技能为核心，以国家职业标准中、高级数控车工考核要求为依据，以典型零件为载体，以 FANUC 数控系统为主，SIEMENS 系统、华中世纪星数控系统为辅，详细介绍了数控车削的数控加工工艺设计、数控编程指令和编程方法。

本书分七个模块，共十六个任务，具体特点如下：

1. 内容理论与实践无界化。

2. 采用任务驱动编写模式。以典型零件数控加工所涉及的基础知识与基本操作技能为前提，分解课程内容，先易后难设计教学训练项目。

3. 衔接就业，融入职业标准。坚持以就业为导向，以能力为本位，面向市场，面向企业，为就业和再就业服务。

本书对应学时为 38 ~ 70 学时，建议采用理论实践一体化教学模式，学时分配如下：

序号	内　容	学　时　数		
		讲授	实训	说明
1	模块一　数控车床基础知识	8	6	
2	模块二　轴类零件加工	6	6	
3	模块三　切槽与切断	4	2	
4	模块四　螺纹的加工	4	4	
5	模块五　盘套类零件加工	6	6	
6	模块六　复杂零件加工	6	6	
7	模块七　非圆曲线轮廓类零件加工	4	2	
	合计	38	32	

本书由李宗义、张庆华任主编，廉军、孙永忠任副主编。甘肃机电职业技术学院董建民、李小军、容康明、刘晓花参加了本书的编写。具体分工如下：刘晓花编写模块一，廉军编写模块二，孙永忠编写模块二，容康明编写模块四，李小军编写模块五和模块七，董建民编写模块六。

由于编写时间仓促，编者水平和经验有限，书中难免有错误和欠妥之处，恳请读者批评指正。

编　者

目 录

模块一 数控车床基础知识

任务一 认识数控车床

知识目标

1. 了解数控车床的组成和工作过程。
2. 了解数控车床的分类和特点。

一、数控车床的组成和工作过程

数控车床简称 CNC 车床，即计算机数字控制机床。车床的运动由计算机数字控制系统控制，包括主轴的起动、停止、转速和刀架的运动控制等。

1. 数控车床的基本组成

虽然数控车床种类较多，但一般均由车床主体、数控装置、伺服系统和辅助装置四大部分组成。

（1）车床主体　数控车床用于完成各种切削加工的机械部分，包括主运动部件、进给运动执行部件（如工作台、滑板及其传动部件）、床身、立柱及支承部件等。

（2）数控装置　数控装置的核心是计算机及其软件，它在数控车床中起"指挥"作用：数控装置接收由加工程序送来的各种信息，并进行处理和调配后，向驱动机构发出执行命令；在执行命令过程中，驱动、检测等机构同时将有关信息反馈给数控装置，以便数控装置处理后发出新的执行命令。

（3）伺服系统　准确地执行数控装置发出的命令，通过驱动电路和执行组件（如步进电动机、主轴电动机、伺服电动机等），完成数控装置所要求的各种位移。

（4）辅助装置　数控车床一些配套部件，包括液压系统、冷却系统、润滑系统和排屑装置等。

从总体上看，数控车床没有脱离普通车床的结构形式，但是数控车床的进给系统与普通车床的进给系统在结构上存在本质的差别。普通车床的进给运动是经过交换齿轮架、进给箱、溜板箱传到刀架实现纵向和横向进给运动的；而数控车床是采用伺服电动机经滚珠丝杠传到滑板和刀架，实现 Z 向（纵向）和 X 向（横向）进给运动，其结构较普通车床大为简化。

2. 工作过程

根据零件图样，按照零件加工的技术要求和工艺要求编写零件的加工程序，然后将加工程序输入到数控装置，通过数控装置控制机床的主轴运动、进给运动、更换刀具，以及工件的夹紧与松开，冷却液、润滑泵的开与关，使刀具、工件和其他辅助装置严格按照加工程序规定的顺序、轨迹和参数进行工作，从而加工出符合图样要求的零件。数控车床上加工零件的工作过程如图 1-1 所示。

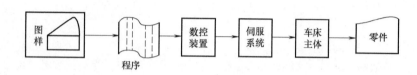

图 1-1　数控车床上加工零件的工作过程

二、数控车床的类型

1. 按车床主轴的配置形式分类

（1）卧式数控车床　机床主轴轴线处于水平位置。卧式数控车床又分为水平导轨卧式数控车床（图 1-2）和倾斜导轨卧式数控车床（图 1-3）。倾斜导轨结构可以使车床具有更大的刚性，并易于排出切屑。档次较高的卧式数控车床一般采用倾斜导轨。卧式数控车床又有单刀架和双刀架之分，前者是两坐标控制，后者是四坐标控制。双刀架卧式数控车床多数采用倾斜导轨。

图 1-2　水平导轨卧式数控车床

图 1-3　倾斜导轨卧式数控车床

（2）立式数控车床　机床主轴轴线垂直于水平面，主要用于加工径向尺寸大、轴向尺寸相对较小的大型复杂工件，如图 1-4 所示。

2. 按数控系统控制的轴数分类

（1）两轴控制的数控车床　机床上只有一个回转刀架，可实现两坐标轴联动控制。

（2）四轴控制数控车床　机床上有两个回转刀架，可实现四坐标轴联动控制。

（3）多轴控制数控车床　机床上除了控制 X、Z 两坐标轴外，还可控制其他坐标轴，实现多轴控制，如具有 C 轴控制功能。车削加工中心或柔性制造单元都具有多轴控制功能。

3. 按数控系统的功能分类

（1）经济型数控车床（简易数控车床）　一般采用步进电动机驱动的开环伺服系统，具有 CRT 显示、程序存储、程序编辑等功能，加工精度较低，功能较简单。

（2）全功能型数控车床　较高档次的数控车床，具有刀具半径自动补偿、恒线速度切削、倒角、固定循环、螺纹切削、图形显示、用户宏程序等功能，加工能力强，适宜于加工精度高、形状复杂、循环周期长、品种多变的单件或中小批量工件的加工。

（3）精密型数控车床　采用闭环控制，不但具有全功能型数控车床的全部功能，而且机械系统动态响应较快，在数控车床基础上增加其他附加坐标轴，适用于精密和超精密加工。

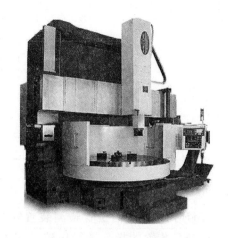

图 1-4　立式数控车床

4. 按伺服系统的控制方式分类

（1）开环伺服系统　开环伺服系统一般由环形分配器、步进电动机功率放大器、步进电动机、齿轮箱和滚珠丝杠副等组成，如图 1-5 所示。

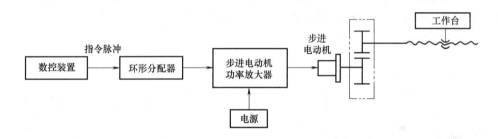

图 1-5　开环伺服系统

每当数控装置发出一个指令脉冲信号，就使步进电动机的转子旋转一个固定角度，机床工作台移动一定的距离。

开环伺服系统没有工作台位移检测装置，对机械传动精度误差没有补偿和校正，工作台的位移精度完全取决于步进电动机的步距角精度、齿轮箱中齿轮副和滚珠丝杠副的精度与传动间隙等，所以这种系统很难保证较高的位置控制精度。同时，由于受步进电动机性能的影响，其速度也受到一定的限制。但这种系统的结构简单、调试方便、工作可靠、稳定性好、价格低廉，因此被广泛用于精度要求不太高的经济型数控机床上。

（2）闭环伺服系统　闭环伺服系统主要是由比较环节（位置比较和放大组件、速度比较和放大组件）、驱动组件、机械传动装置、测量装置等组成，如图 1-6 所示。

数控装置发出位移指令脉冲，经伺服电动机和齿轮箱使机床工作台移动，安装在工作台上的位置检测器把机械位移变成电学量，反馈到输入端并与输入信号相比较，所得的差值被放大和变换，最后驱动工作台向减少误差的方向移动。如果输入信号不断地产生，则工作台就不断地跟随输入信号运动。

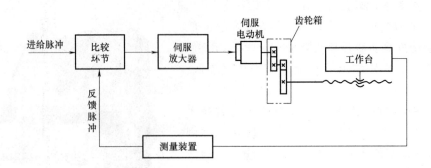

图 1-6　闭环伺服系统

闭环伺服系统的位置检测装置安装在机床工作台上，将工作台的实际位置检测出来并与 CNC 装置的指令进行比较，用差值进行控制，因而可以达到很高的定位精度，同时还能达到较高的速度。这种伺服系统在精度要求高的大型和精密机床上应用十分广泛。由于系统增加了检测、比较和反馈装置，所以结构比较复杂，不稳定因素多，调试维修比较困难。

（3）半闭环伺服系统　半闭环伺服系统也有位置检测反馈装置，但检测组件安装在电动机轴端或丝杠轴端处，通过检测伺服机构的滚珠丝杠转角，间接计算移动部件的位移，然后反馈到数控装置的比较器中，与输入原指令位移值进行比较，用比较后的差值进行补偿控制，使移动部件补充位移，直到差值消除为止，如图 1-7 所示。

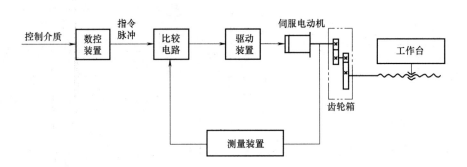

图 1-7　半闭环伺服系统

半闭环伺服系统没有将滚珠丝杠机构、齿轮机构等传动机构包括在闭环中，所以这些传动机构的传动误差仍然会影响移动部件的位移精度。但半闭环伺服系统将惯性大的工作台安排在闭环之外，系统调试较容易，稳定性好，所能达到的精度、速度和动态特性优于开环伺服系统，为大多数中小型数控机床所采用。

三、数控车床的加工特点

数控车床已越来越多地应用于现代制造业，并发挥出普通车床无法比拟的优势，典型的数控车床主要有以下几个特点。

1. 自动化程度高

数控加工过程是按输入的程序自动完成的，操作者只需起始对刀、装卸工件、更换刀具，在加工过程中主要是观察和监督车床运行。但是，由于数控车床的技术含量高，操作者的脑力劳动相应提高。

2. 加工精度高、质量稳定

数控车床的定位精度和重复定位精度都很高，较容易保证同一批零件尺寸的一致性，只要工艺设计和程序正确合理，加之精心操作，就可以保证工件获得较高的加工精度，也便于对加工过程实行质量控制。

3. 效率高

数控车床加工能在一次装夹中加工多个表面，一般只检测首件，所以可以省去普通车床加工时的不少中间工序，如划线、尺寸检测等，减少了辅助时间，而且由于数控机床加工出的零件质量稳定，为后续工序带来方便，其综合效率明显提高。

4. 便于新产品研制和改型

数控加工一般不需要很多复杂的工艺装备，通过编制加工程序就可把形状复杂和精度要求较高的零件加工出来，当产品改型，更改设计时，只要改变程序，而不需要重新设计工装。所以，数控加工能大大缩短产品研制周期，为新产品的研制开发、产品的改进和改型提供了捷径。

5. 初始投资较大

数控车床设备费用高，首次加工准备周期较长，维修成本高等因素造成了初期投资较普通车床会大一些。

6. 维修要求高

数控车床是技术密集型的机电一体化的典型产品，需要维修人员既懂机械知识，又懂微电子维修方面的知识，同时还要给他们配备较好的维修装备。

任务二　认识数控车床面板功能

1. 了解数控车床的常用数控系统。
2. 学习常用数控系统的数控车床面板各键和旋钮的功用。

我国数控车床上常用日本 FANUC 公司的 0T、0iT、3T、5T、6T、10T、11T、0TC、0TD、0TE 等数控系统，德国 SIEMENS 公司的 802S、802C、802D sl、840D 等数控系统，以及美国 ACRAMATIC 数控系统、西班牙 FAGOR 数控系统等。国产普及型数控系统产品有广州数控设备有限公司的 GSK980T 系列、武汉华中数控股份有限公司的世纪星 21T、北京凯恩帝数控技术有限责任公司 K2000 系列、北京航天数控系统有限公司的 CASNUC3000 系列、大连大森数控技术发展中心有限公司的 DASEN3i 系列等。

一、FANUC 数控系统

数控车床的类型和数控系统的种类很多，各生产厂家设计的操作面板也不尽相同，但操作面板上各种旋钮、键和键盘上键的基本功能与使用方法基本相同。下面以 FANUC 0i 数控系统为例，介绍数控车床面板各键、旋钮的功能。FANUC 0i 数控系统车床的面板分为系统操作面板和机床操作面板两部分。

1. FANUC 0i 系统操作面板

如图 1-8 所示，FANUC 0i 系统操作面板包括键盘（右半部分）和 CRT 界面（左半部分）两部分。键盘用于程序编辑、参数输入等功能，各个键的功能见表 1-1。

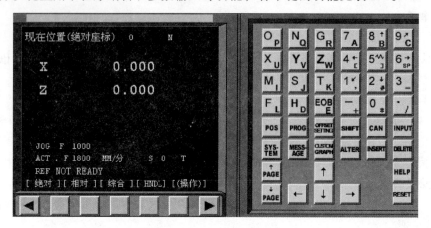

图 1-8　FANUC 0i 系统操作面板

表 1-1　FANUC 0i 系统面板键盘上各键功能

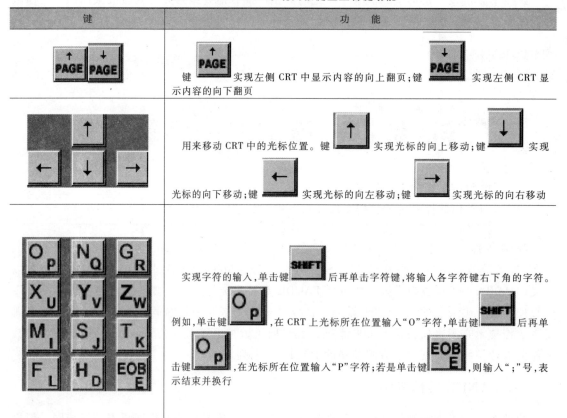

键	功　　能
	键 ↑PAGE 实现左侧 CRT 中显示内容的向上翻页；键 ↓PAGE 实现左侧 CRT 显示内容的向下翻页
	用来移动 CRT 中的光标位置。键 ↑ 实现光标的向上移动；键 ↓ 实现光标的向下移动；键 ← 实现光标的向左移动；键 → 实现光标的向右移动
	实现字符的输入，单击键 SHIFT 后再单击字符键，将输入各字符键右下角的字符。例如，单击键 Oₚ，在 CRT 上光标所在位置输入 "O" 字符，单击键 SHIFT 后再单击键 Oₚ，在光标所在位置输入 "P" 字符；若是单击键 EOBₑ，则输入 ";" 号，表示结束并换行

（续）

键	功　能
（数字键盘图）	实现字符的输入。例如,单击键 ⬚5 ,在光标所在位置输入"5"字符;单击键 SHIFT 后再单击键 ⬚5 ,在光标所在位置输入"]"符号
POS	在 CRT 中显示坐标值
PROG	CRT 进入程序编辑和显示界面
OFFSET SETTING	CRT 进入参数补偿显示界面
SYS-TEM	本系统不支持
MESS-AGE	本系统不支持
CUSTOM GRAPH	在自动运行状态下将数控显示切换至轨迹模式
SHIFT	输入字符切换键
CAN	删除单个字符
INPUT	将数据域中的数据输入到指定的区域
ALTER	字符替换
INSERT	将输入域中的内容插入到指定区域

（续）

键	功　能
DELETE	删除一段字符
HELP	本系统不支持
RESET	机床复位

2. FANUC 0i 车床操作面板

FANUC 0i 车床操作面板如图 1-9 所示，常用键和旋钮功能见表 1-2。

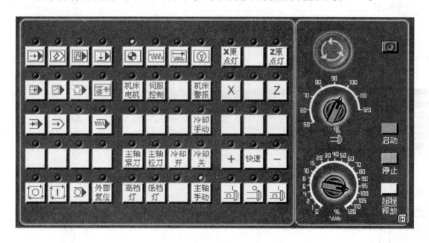

图 1-9　FANUC 0i 车床操作面板

表 1-2　FANUC 0i 车床操作面板各键和旋钮功能

键	名称	功　能
	自动运行键	此键被按下后，系统进入自动加工模式
	编辑键	此键被按下后，系统进入程序编辑状态，用于直接通过控制面板输入数控程序和编辑程序
	MDI 键	此键被按下后，系统进入 MDI 模式，手动输入并执行指令
	远程执行键	此键被按下后，系统进入远程执行模式，即 DNC 模式，输入、输出资料

（续）

键	名称	功能
单节键	单节键	此键被按下后,运行程序时每次执行一条数控指令
单节忽略键	单节忽略键	此键被按下后,数控程序中的注释符号"/"有效
选择性停止键	选择性停止键	此键被按下后,"M01"代码有效
机械锁定键	机械锁定键	按下此键可锁定机床
试运行键	试运行键	按下此键,机床进入空运行状态
进给保持键	进给保持键	在程序运行过程中按下此键,运行暂停。按"循环启动"键恢复运行
循环启动键	循环启动键	程序运行开始。系统处于"自动运行"或"MDI"模式时按下有效,其余模式下使用无效
循环停止键	循环停止键	程序运行停止。在数控程序运行中按下此键,停止程序运行
回原点键	回原点键	机床处于回零模式。机床必须首先执行回零操作,然后才可以运行
手动键	手动键	机床处于手动模式,可以手动连续移动
手动脉冲键	手动脉冲键	机床处于手轮控制模式
手动脉冲键	手动脉冲键	机床处于手轮控制模式
X轴选择键	X轴选择键	在手动状态下,按下该键则机床移动X轴

（续）

键	名称	功　能说明
Z	Z轴选择键	在手动状态下，按下该键则机床移动 Z 轴
＋	正方向移动键	手动状态下单击该键，系统向所选轴正向移动。在回零状态时单击该键，将所选轴回零
－	负方向移动键	手动状态下单击该键，系统向所选轴负向移动
快速	快速键	按下该键，机床处于手动快速状态
主轴倍率选择旋钮	主轴倍率选择旋钮	旋转此旋钮，可以调节主轴旋转倍率
急停按钮	急停按钮	按下该按钮，机床移动立即停止，并且所有的输出如主轴的转动等都会关闭
超程释放	超程释放键	系统超程释放
主轴控制键	主轴控制键	从左至右分别为正转、停止、反转
手轮显示键	手轮显示键	按下此键，则可以显示出手轮面板
启动	启动	启动控制系统
停止	关闭	关闭控制系统

二、广州数控系统

广州数控 GSK980T 系统的数控面板也分为系统操作面板和机床操作面板两部分。

1. GSK980T 系统操作面板

GSK980T 系统数控车床的系统操作面板如图 1-10 所示，包括 CRT 界面（左半部分）和键盘（右半部分）两部分。键盘用于程序编辑、参数输入等，部分键的功能见表 1-3。

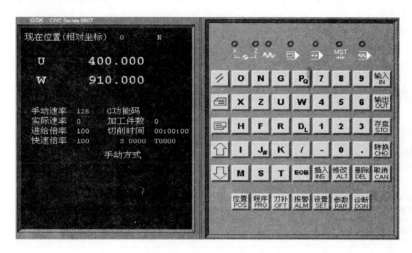

图 1-10 GSK980T 系统操作面板

表 1-3 GSK980T 系统操作面板键盘部分键功能

键	功　能
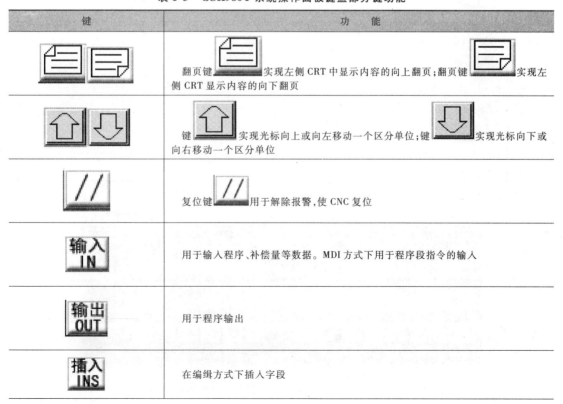	翻页键 ▤ 实现左侧 CRT 中显示内容的向上翻页；翻页键 ▤ 实现左侧 CRT 显示内容的向下翻页
	键 ⬆ 实现光标向上或向左移动一个区分单位；键 ⬇ 实现光标向下或向右移动一个区分单位
	复位键 ⫽ 用于解除报警，使 CNC 复位
	用于输入程序、补偿量等数据。MDI 方式下用于程序段指令的输入
	用于程序输出
	在编辑方式下插入字段

（续）

键	功　　能
修改 ALT	在编辑方式下修改字段
删除 DEL	在编辑方式下删除数字、字母、程序段或整个程序
取消 CAN	消除 CTR 所显示输入缓冲寄存器的字符或符号
位置 POS	按下此键,CTR 显示现在的位置,含［相对］、［绝对］、［总和］三个子项,分别显示相对坐标位置、绝对坐标位置及总和位置（各种坐标）。通过翻页键转换
程序 PRG	程序的显示、编辑等,含［MDI/模］、［程序］、［现/模］、［目录/存储量］四个子项
刀补 OFT	刀具补偿量的显示和设定
设置 SET	显示、设置各种参数、参数开关和程序开关的状态
参数 PAR	参数的显示和修改

2. 操作面板

GSK980T 系统数控车床操作面板如图 1-11 所示，常用键功能见表 1-4。

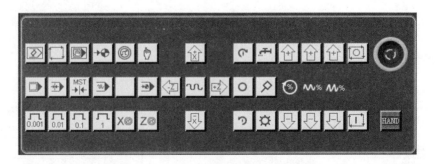

图 1-11　GSK980T 系统数控车床操作面板

表 1-4　GSK980T 系统数控车床操作面板常用键功能

键	名　称	功　　能
	编辑方式键	在编程方式下编写、修改、删除程序
	自动加工方式键	在自动方式下进行自动加工
	录入方式键	在 MDI 方式,系统运行 MDI 方式下输入的指令
	回参考点键	选择此键,再按下轴移动方向键,系统返回机械零点
	单步方式键	用手轮或单步方式移动 X、Z 轴。手轮和单步两者可以互换,具体操作方法是:把参数开关打开,然后把 001 号参数的第五位数字改为 1 就是手轮方式,把 001 号参数的第五位数字改为 0 则是单步方式
	手动方式键	移动 X、Z 轴,起动主轴正转,停止、反转
	单程序段键	在自动方式下单段运行程序
	机床锁住键	按下此键锁住床身后,X、Z 轴不运动
	空运行键	按下此键,机床空运行,用于校验程序
	返回程序起点键	按下此键,返回程序起点
	单步/手轮移动量键	按下增量选择键,选择移动量
	手摇轴选择键	手摇方式下选择 X、Z 轴
	紧急开关键	按下紧急开关键,使机床各轴立即停止运动,并且所有的输出如主轴的转动等都会关闭
	手轮方式切换键	按下此键,切换到手轮方式
	辅助功能锁住键	锁住 M、S、T 功能,机床各轴不运动
	快速功能键	按下该键,指示灯 亮,移动 X、Z 轴,以机床参数设定的值做快速进给移动

（续）

键	名 称	功 能
	轴移动方向键	手动方式或单步方式时,按下该键,机床对应轴沿对应方向移动
	循环启动键	按下该键,系统自动运行加工的程序,用暂停键、复位键、急停开关键可以停止加工
	暂停方式键	在自动加工中用此键来暂停加工,再次循环启动键,程序继续执行

三、华中数控系统 HNC

华中世纪星车床数控系统的型号有 HNC-21T/22T、HNC-18iT、HNC-18-XP-T/19-XP-T 和 HNC-210ATD/210BTD/210CTD 等。图 1-12 所示为 HNC-21T 的数控面板。HNC-21T 系统是华中数控股份有限公司较早开发的经济型数控系统,车床数控面板分为三个主要部分,即功能键部分、NC 键盘部分和机床控制面板部分。在 HNC-21T 系统数控车床操作面板中没有复位键,其复位功能只能通过急停键来实现。

1. 功能键

在显示器的下方有 10 个功能键,F1～F10（相当于 FANUC 系统中的软键）,如图 1-13 所示。通过这 10 个功能键,可完成系统操作界面中菜单命令操

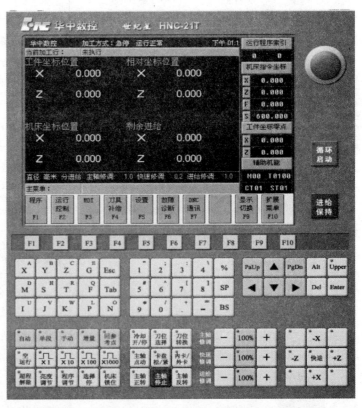

图 1-12 HNC-21T 系统数控面板

作。系统操作界面中的菜单命令由主菜单和子菜单构成，所有主菜单和子菜单命令都能通过功能键 F1 ~ F10 来进行操作。对于主菜单命令，按 F1 键表示选择"自动加工"，按 F2 键表示选择"程序编辑"，按 F3 键表示选择"参数"，按 F4 键表示选择"MDI"，按 F5 键表示选择"PLC"，按 F6 键表示选择"故障诊断"，F7 键表示选择"设置毛坯大小"，按 F9 键表示选择"显示方式"。每一主菜单下分别有若干个子菜单。

图 1-13　HNC-21T 数控系统车床功能键

2. NC 键盘

NC 键盘用于零件程序的编制、参数输入、MDI 及系统管理操作等，如图 1-14 所示。

图 1-14　HNC-21T 数控系统车床 NC 键盘

（1）"Esc"键　按此键可取消当前系统界面中的操作。

（2）"Tab"键　按此键可跳转到下一个选项。

（3）"SP"键　按此键光标向后移并空一格。

（4）"BS"键　按此键光标向前移并删除前面字符。

（5）"Upper"键　上档键。按下此键后，上档功能有效，这时可输入字母键与数字键右上角的小字符。

（6）"Enter"键　回车键，按此键可确认当前操作。

（7）"Alt"键　替换键，也可与其他字母键组成快捷键。

（8）"Del"键　按此键可删除当前字符。

（9）"PgDn"键与"PgUp"键　向后翻页与向前翻页。

（10）"▲"键"▼"键"◄"键与"►"键　按这四个键可使光标上、下、左、右移动。

（11）字母键、数字键和符号键　按这些键可输入字母、数字以及其他字符，其中一些字符需要配合"Upper"键才能被输入。

3. 机床控制面板

图 1-15 所示为 HNC-21 数控系统车床控制面板，各键说明如下。

（1）方式选择键　这些键对应于数控车床的操作方式，在每一种操作方式下，只能进行相应的操作。方式选择键共有五个，分别是"自动"操作方式键、"单段"操作方式键、"手动"操作方式键、"增量"操作方式键和"回参考点"操作方式键。

1）"自动"操作方式键。按此键进入自动运行方式，可进行连续加工工件、模拟校验加工程序、在 MDI 模式下运行指令等操作。进入自动运行方式后在系统主菜单下按"F1"

图 1-15　HNC-21T 数控系统车床控制面板

键，进入"自动加工"子菜单，再按"F1"键选择要运行的程序，然后按"循环启动"键自动开始加工。在自动运行过程中按"进给保持"键，程序暂停运行，进给轴减速停止，再按"循环起动"键，程序会继续运行。

2）"单段"操作方式键。在自动运行方式下按此键进入单程序段执行方式，这时按"循环启动"键，只运行一个程序段。

3）"手动"操作方式键。按此键进入手动操作方式。在手动方式下通过机床操作键可进行手动换刀、移动机床各轴、手动松紧卡爪、伸缩尾座、主轴正反转、冷却开停、润滑开停等操作。

4）"增量"操作方式键。按此键进入增量/手轮进给方式。在增量方式下，按一下相应的坐标轴移动键或将手轮摇过一个刻度时，坐标轴将按设定好的增量值移动一个增量值。

5）"回参考点"操作方式键。按此键进入手动返回机床参考点方式。

（2）"空运行"键　在自动运行方式下按一下"空运行"键，机床处于空运行状态。空运行状态下程序中的 F 指令被忽略，坐标轴以最大的快速移动速度移动。空运行的目的是校验程序的正确性，所以在实际切削时应关闭此功能，否则可能会造成危险。螺纹切削时空运行功能无效。

（3）"超程解除"键　当发生超程报警时，"超程解除"键上的指示灯亮，系统处于紧急停止状态，这时应先松开急停键并把工作方式选择为手动或手轮方式，再按住"超程解除"键不放，手动把发生超程的坐标轴向相反方向退出超程状态，然后放开"超程解除"键，这时显示屏上运行状态栏显示为"运行正常"，超程状态解除。需要注意的是在移动坐标轴时要注意移动方向和移动速度，以免发生撞车事故。

（4）"亮度调节"键　按此键可调节显示屏的亮度。

（5）"机床锁住"键　在自动运行开始前，按下"机床锁住"键。进入机床锁住状态。在机床锁住状态运行程序时，显示屏上的坐标值发生变化，但坐标轴处于锁住状态而不会移动。此功能用于校验程序的正确性。每次执行此功能后须再次进行回参考点操作。

（6）增量选择键　在增量进给和手轮进给时，要进行增量值的设置，增量值的设置是通过增量选择键（图 1-16）来完成的。

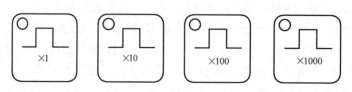

图 1-16　增量选择键

在增量进给时，增量值由"×1""×10""×100"和"×1000"四个增量倍率键控制，分别对应的增量值为 0.001mm、0.01 mm、0.1mm 和 1mm。在手轮进给时，增量由"×1""×10"和"×100"三个增量倍率键控制，分别对应的增量值为 0.001mm、0.01mm 和 0.1 mm。

（7）手动控制键 手动控制键分别是"冷却开/停"键、"刀位转换"键、"主轴点动"键、"卡盘松/紧"键、"主轴正转"键、"主轴停止"键以及"主轴反转"键等。以上按键都需在手动方式下进行操作。

1）"冷却开/停"键。按此键可控制切削液的开关。

2）"刀位转换"键。按此键可使刀架转过一个刀位。

3）"主轴点动"键。按此键可使主轴点动。

4）"卡盘松/紧"键。按此键可控制卡盘的夹紧与松开。

5）"主轴正转"键。按此键可使主轴正转。

6）"主轴停止"键。按此键可使旋转的主轴停止转动。

7）"主轴反转"键。按此键可使主轴反转。

（8）速率修调键 这些键分别是"主轴修调""快速修调"和"进给修调"键。

1）主轴修调键 在自动方式或 MDI 方式下，按主轴修调键可调整程序中指定的主轴速度。按下"100%"键主轴修调倍率被置为 100%，按一下"＋"键主轴修调倍率递增 5%，按一下"－"键主轴修调倍率递减 5%。在手动方式下按这些键可调节手动时的主轴速度。机械齿轮换档时主轴速度不能修调。

2）快速修调键 在自动方式或 MDI 方式下按快速修调键可调整执行 G00 指令时主轴快速移动的速度。按"100%"键快速修调倍率被置为 100%，按一下"＋"键快速修调倍率递增 5%，按一下"－"键快速修调倍率递减 5%。在手动连续进给方式下按这些键可调节手动快移速度。

3）进给修调键 在自动方式或 MDI 方式下按进给修调键可调整程序中给定的进给速度，按"100%"键进给修调倍率被置为 100%，按一下"＋"键进给修调倍率递增 5%，按一下"－"键进给修调倍率递减 5%。在手动进给方式下按这些键可调节手动进给速度。

（9）坐标轴移动键

1）"－X"键。在手动方式下按此键，X 轴向负方向运动。

2）"＋X"键。在手动方式下按此键，X 轴向正方向运动。

3）"－Z"键。在手动方式下按此键，Z 轴向负方向运动。

4）"＋Z"键。在手动方式下按此键，Z 轴向正方向运动。

5）"快进"键。在手动方式下按此键后，再按坐标轴移动键，可使坐标轴快速移动。

（10）"循环启动"键和"进给保持"键 在自动方式或 MDI 方式下按下"循环启动"键可自动运行加工程序，按下"进给保持"键可使程序暂停运行。

（11）急停键 紧急情况下按此键后数控系统进入急停状态，控制柜内的进给驱动电源被切断，此时机床的伺服进给及主轴运转停止工作。要想解除急停状态，可顺时针方向旋转该键，它会自动跳起，数控系统进入复位状态。解除急停状态后，需要进行回参考点操作。在启动和退出系统之前应按下急停键，以减少电流对系统的冲击。

任务三　数控机床操作

知 识 目 标

1. 掌握数控车床的操作方法。
2. 学习数控铣床的操作步骤。
3. 学习加工中心的操作步骤。

一、数控车床的操作方法

工件的加工程序编制完成后，就可以操作机床对工件进行加工。下面以 FANUC 0i 系统的数控车床为例，介绍数控车床的一些基本操作方法。

1. 开机及回参考点

（1）开机　首先打开机床电源开关，其次按下数控系统电源开关 键，最后松开急停按钮 。

（2）回参考点　按下"回原点"键 ，进入回原点模式。在回原点模式下，先将 X 轴回原点，按住操作面板上的"X 轴选择"键 ，使 X 轴方向移动指示灯变亮 ，按"正方向移动"键 ，此时 X 轴将回原点，X 轴回原点灯变亮 ，CRT 上的 X 坐标变为"390.00"，再按"Z 轴选择"键 ，使指示灯变亮，单击键 ，Z 轴将回原点，Z 轴回原点灯变亮 ，此时 CRT 界面如图 1-17 所示。

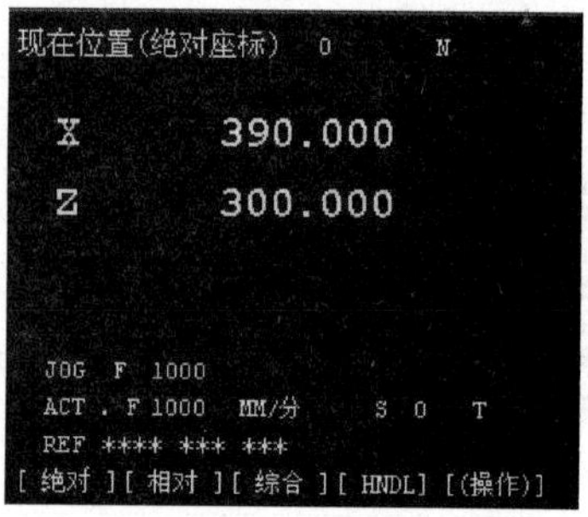

现在位置(绝对座标)　0　　　N

X　　　390.000

Z　　　300.000

JOG F 1000
ACT. F 1000 MM/分　　S O T
REF **** *** ***
[绝对] [相对] [综合] [HNDL] [操作]

图 1-17　回原点 CRT 界面

2. 机床的手动控制

手动操作数控车床面板，可完成进给运动、主轴旋转、刀具转位、切削液开关、排屑器启停等动作。

（1）手动/连续方式　按下操作面板上的"手动"键，使其指示灯亮 ，机床进入手动模式。

1）分别按 X 、 Z 键，选择移动的坐标轴。

2）分别按 + 、 - 键，控制机床的移动方向。

3）通过按键 控制主轴的转动（顺时针方向和逆时针方向）和停止。

（2）手动脉冲方式　在手动/连续方式或在对刀时，需精确调节机床，可用手动脉冲方式调节。按操作面板上的"手动脉冲"键 或 ，使指示灯 或 变亮。

3. 数控车床常用的夹具

在数控加工中，为了充分发挥数控机床的高速度、高精度等特点，除了使用通用的自定心卡盘、单动卡盘和大批量生产中使用自动控制的液压电动及气动夹具外，还会使用多种相应的实用夹具。它们主要分两类：用于轴类工件的夹具和用于盘类工件的夹具。

（1）数控车床的卡盘　一般经济型数控车床使用普通的自定心卡盘或单动卡盘。现代生产中为了提高效率，也广泛使用液压卡盘。

液压卡盘是数控车削加工时夹紧工件的重要附件，对一般回转类工件可采用普通液压卡盘，如图 1-18 所示；对工件被夹持部位不是圆柱形的工件，则需要采用专用卡盘；用棒料直接加工零件时需要采用弹簧夹头卡盘，如图 1-19 所示。

图 1-18　液压卡盘

（2）数控车床的尾座　对轴向尺寸和径向尺寸比值较大的工件，需要采用安装在液压尾座上的活动顶尖对工件尾端进行支承，才能保证对工件进行正确的加工。尾座有普通液压尾座和可编程液压尾座（图 1-20）。

图 1-19　弹簧夹头卡盘

图 1-20　可编程控制液压尾座

4. 数控车床上加工常用的定位方法

对于轴类工件，通常以工件自身的外圆柱面作定位基准来定位，直接将其安装在卡盘上。对于套类工件，则以其内孔为定位基准，按定位组件的不同有以下几种定位方法。

（1）圆柱心轴定位　加工套类工件时，常用工件的孔在圆柱心轴上定位，孔与心轴常采用 H7/h6 或 H7/g6 配合。

（2）小锥度心轴定位　将圆柱心轴改成锥度很小的锥体（$C = 1:1000 \sim 1:5000$）时，就成了小锥度心轴。工件在小锥度心轴上定位，消除了径向间隙，提高了心轴的定心精度。定位时，工件楔紧在心轴上，靠楔紧产生的摩擦力带动工件，不需要再夹紧，且定心精度高，其缺点是工件在轴向不能定位。这种方法适用于有较高精度定位孔的工件精加工。

（3）圆锥心轴定位　当工件的内孔为锥孔时，可用与工件内孔锥度相同的锥度心轴定位。为了便于卸下工件，可在心轴大端配上一个旋出工件的螺母。

（4）螺纹心轴定位　当工件内孔是螺纹孔时，可用螺纹心轴定位。

另外，还有花键心轴定位、胀力心轴定位等。常用的心轴如图 1-21 所示。

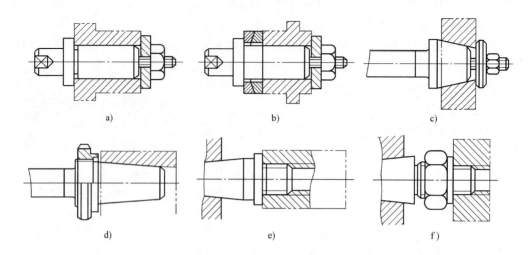

图 1-21　常用的心轴

a）减小平面的圆柱心轴　b）增加球面垫圈的圆柱心轴　c）普通圆锥心轴
d）带螺母的圆锥心轴　e）简易螺纹心轴　f）带螺母的螺纹心轴

5. 刀具安装

（1）数控车床常用刀具　数控车床上常用的刀具有外圆车刀、钻头、镗刀、切断刀、螺纹加工刀具等，其中以外圆车刀、镗刀、钻头最为常用。

数控车床使用的车刀、镗刀、切断刀、螺纹加工刀具均有焊接式和机夹式之分，除经济型数控车床外，目前大部分数控车床已广泛使用机夹式车刀。机夹式车刀主要由刀体、刀片和刀片压紧系统三部分组成。图 1-22 所示为机夹式车刀，其中刀片普遍使用硬质合金涂层刀片。

（2）刀具选择　在实际生产中，主要根据数控车床回转刀架的刀具安装尺寸、工件材料、加工类型、加工要求及加工条件从刀具样本中查表确定刀具，其步骤大致如下：

1）确定工件材料和加工类型（外圆、孔或螺纹）。

2）根据粗、精加工要求和加工条件确定刀片的牌号和几何槽形。

3）根据刀架尺寸、刀片类型和尺寸选择刀杆。

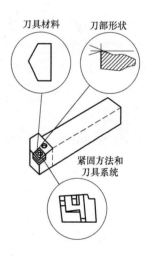

图 1-22　机夹式车刀

（3）数控车床的刀架　刀架是数控车床非常重要的部件，其上可安装的刀具数量一般为 8 把、10 把、12 把或 16 把，有些数控车床刀架还可以安装更多的刀具。刀架的结构形式一般为回转式，刀具沿圆周方向安装在刀架上，可以径向安装，也可以轴向安装。车削加工中心上还可轴向、径向安装铣刀。少数数控车床的刀架为直排式，刀具沿一条直线安装。数控车床可以配备两种刀架：

1）专用刀架。由车床生产厂商自己开发，所使用的刀柄也是专用的。这种刀架的优点是制造成本低，但缺乏通用性。

2）通用刀架。根据一定的通用标准而生产的刀架，数控车床生产厂商可以根据数控车床的功能要求进行选择配置。

（4）数控车床的刀具安装　选择好合适的刀片和刀杆后，首先将刀片安装在刀杆上，再将刀杆依次安装到回转刀架上，之后通过刀具干涉图和加工行程图检查刀具安装尺寸。

在刀具安装过程中应注意以下问题：

1）安装前保证刀杆及刀片定位面清洁，无损伤。

2）将刀杆安装在刀架上时，应保证刀杆方向正确。

3）安装刀具时需注意使刀尖等高于主轴的回转中心。

6. 对刀与刀具补偿

（1）对刀　数控加工一般按工件坐标系编程，对刀的过程就是建立工件坐标系与机床坐标系之间关系的过程。数控车床常用的对刀方法有三种：试切对刀、机械对刀仪对刀（接触式）、光学对刀仪对刀（非接触式）。

下面具体介绍试切对刀的方法，其中将工件右端面中心点设为工件坐标系原点，将工件上其他点设为工件坐标系原点的对刀方法与此类似。

1）按下操作面板上的手动键，手动状态指示灯变亮，机床进入手动操作模式。

2）按下操作面板上的 X 键，使 X 轴方向移动指示灯变亮，按 + 键或 - 键，使机床沿 X 轴正方向或负方向移动；用同样操作使机床沿 Z 轴正方向或负方向移动，最终通过手动方式将车刀移到工件附近。

3）按下操作面板上的或键，使其指示灯变亮，主轴转动。再按 Z 轴选择键 Z，使其指示灯变亮，按下 - 键，用所选刀具试切工件外圆。然后按 + 键，X 方向保持不动，刀具退出。

4）按操作面板上的键，使主轴停止转动，测量刚才对刀处外圆直径，记录下来。

5）单击键盘上的键，把光标定位在需要设定的坐标系上，即光标移到 X，输入外圆直径值，按"INPUT"键，刀具 X 轴方向的对刀结束。

6）按下操作面板上的或键，使其指示灯变亮，主轴转动。通过手动方式将车刀移到工件附近，按下控制面板上的 X 键，使 X 轴方向移动指示灯变亮，按 - 键，试切工件端面。然后按 + 键，Z 方向保持不动，刀具退出。

7）按下操作面板上的键，使主轴停止转动。

8）单击键盘上的键，把光标定位在需要设定的坐标系上，选择需要设定的轴，输入工件坐标系原点的距离（注意距离有正负号），按软键"测量"，自动计算出坐标值填入，刀具 Z 轴方向的对刀结束。

（2）刀具补偿　车床的刀具补偿参数包括刀具的磨损量补偿参数和形状补偿参数，两者之和构成车刀偏置量。

1）输入磨耗量补偿参数。刀具使用一段时间后产生磨损，会使产品尺寸产生误差，因此需要对刀具设定磨损量补偿。步骤如下：

① 在 MDI 键盘上单击键，进入磨耗补偿参数设定界面，如图 1-23 所示。

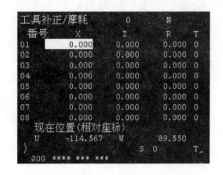

图 1-23 磨耗补偿参数设定界面

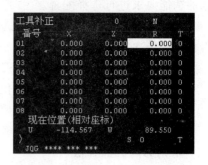

图 1-24 形状补偿参数设定界面

② 用方位键 ↑ ↓ 选择所需的番号，并用 ← → 键确定所需补偿的值。

③ 单击数字键，输入补偿值到输入域。

④ 按软键"输入"或按 INPUT 键，将参数输入到指定区域。按 CAN 键逐字删除输入域中的字符。

2）输入形状补偿参数。

① 在 MDI 键盘上单击 OFFSET/SETTING 键，进入形状补偿参数设定界面，如图 1-24 所示。

② 用方位键 ↑ ↓ 选择所需的番号，并用 ← → 键确定所需补偿的值。

③ 单击数字键，输入补偿值到输入域。

④ 按软键"输入"或按 OFFSET/SETTING 键，将参数输入到指定区域。按 CAN 键逐字删除输入域中的字符。

7. 程序输入与调试

（1）程序输入 可以通过记事本或写字板等编辑软件输入数控程序并将其保存为文本格式文件，也可以直接用 FANUC 0i 系统的 MDI 键盘输入。步骤如下：

1）按下操作面板上的 键，使其指示灯变亮，进入 MDI 模式。

2）在 MDI 键盘上按 PROG 键，进入编辑界面。

3）输入数据指令。在输入键盘上单击数字/字母键，可以输入数字、字母、换行等操作。

4）单击数字/字母键键入字母"O"，再键入程序号。注意输入的程序号不可以与已有程序号重复。

5）输入程序后，用回车换行键 EOB/E 结束一行的输入后换行。

6）移动光标。按 PAGE↑、PAGE↓ 键翻页。按方位键 ↑、↓、←、→ 移动光标。

7）按 CAN 键，删除输入域中的数据；按 DELETE 键，删除光标所在的代码。

8）按键盘上 INSERT 键，输入所编写的数据指令。

9）用 RESET 键清除输入的数据。

（2）程序调试 程序输入完以后，手动使刀具从工件处移开，并将机械运动、主轴运动以及 M、S、T 功能锁定，在自动循环模式下使程序空运行，通过观察机床坐标位置数据和报警显示来判断程序是否有语法、格式或者数据错误。

8. 程序运行

（1）自动/连续方式 检查机床是否回零，若未回零，先将机床回零。按下操作面板上的自动运行键，使其指示灯变亮 ，按下操作面板上的 键，程序开始执行。

（2）自动/单段方式　检查机床是否回零，若未回零，先将机床回零。按下操作面板上的自动运行键，使其指示灯变亮 ，按下操作面板上的单节键 ，指示灯变亮，按下操作面板上的 键，程序开始执行。

注意：自动/单段方式下执行每一行程序均需按一次 键。按单节忽略键 ，则程序运行时跳过符号"/"有效，该行成为注释行，不执行。按选择性停止键 ，则程序中 M01 指令有效。可以通过主轴倍率选择旋钮 和进给倍率选择旋钮 来调节主轴旋转速度和进给速度。按 键可将程序重置。

9. 零件检测

取下工件，用相应测量工具进行检测，检查其是否达到加工要求。数控车削加工中常用到的量具有：

（1）游标卡尺　最常用的通用量具，可用于测量工件内外尺寸、宽度、厚度、深度和孔距等。

（2）外径千分尺　外径千分尺是利用螺旋副测微原理制成的量具，主要用于各种外尺寸和几何偏差的测量。

（3）内径千分尺　内径千分尺主要用于测量内径，也可用于测量槽宽和两个内端面之间的距离。

（4）游标万能角度尺　游标万能角度尺主要用于各种锥面的测量，精度较低。

（5）表面粗糙度工艺样板　表面粗糙度工艺样板是以其工作面的表面粗糙度为标准，将被测工件表面与之比较，从而大致判断工件加工表面的表面粗糙度等级。

（6）螺纹检测量具

1）螺纹千分尺。可用来检测螺纹中径。

2）三针。可用来检测螺纹中径，比螺纹千分尺精度更高。

3）螺纹环规。可用来检验外螺纹合格与否，根据不同精度选用不同等级的螺纹环规。

4）螺纹塞规。可用来检验内螺纹合格与否，根据不同精度选用不同等级的螺纹塞规。

5）工具显微镜。可用来检测螺纹的各参数，并可测得各参数具体数值。

10. 关机

1）关闭急停开关。

2）关闭数控系统电源。

3）关闭机床电源。

二、数控铣床的操作步骤

1. 开机

开机一般是先开机床再开系统，有的设计两者是互锁的，机床不通电就不能在 CRT 上显示信息。

2. 回参考点

对于增量控制系统（使用增量式位置检测元件）的机床，必须首先执行这一步，以建立机床各坐标的移动基准。

3. 输入数控程序

若是简单程序可直接用键盘在 CNC 控制面板上输入；若程序非常简单、只加工一件且程序没有保存的必要时，采用 MDI 方式输入；外部程序通过 DNC 方式输入数控系统内存。

4. 程序编辑

输入的程序若需要修改，则要进行编辑操作。此时，将方式选择开关置于编辑位置，利用编辑键进行增加、删除、更改。编辑后的程序必须保存后方能运行。

5. 空运行校验

机床锁住，机床后台运行程序。此步骤是对程序进行检查，若程序有错误，则需重新进行编辑。

6. 对刀并设定工件坐标系

采用手动进给移动机床，使刀具中心位于工件坐标系的零点，该点也是程序的起始处，将该点的机械坐标写入 G54 偏置，按确定键完成。

7. 自动加工

加工中可以按进给保持键，暂停进给运动，观察加工情况或进行手工测量，再按下循环启动键，即可恢复加工。

8. 关机

一般应先关闭数控系统，最后关闭机床电源。

三、加工中心的操作步骤

1）开机，各坐标轴手动回机床原点。

2）刀具准备。

3）将已装夹好刀具的刀柄采用手动方式放入刀库。

4）清洁工作台，安装夹具和工件。

5）对刀，确定并输入工件坐标系参数。

6）输入、调试加工程序。

7）自动加工。

8）取下工件，进行检测。

9）关机，清理加工现场。

10）机关，清理加工现场。

任务四　数控车床编程基础

知　识　目　标

1. 学习数控编程的基本概念。

2. 学习数控车床的不同坐标系及特点。

3. 初步掌握 FANUC 0i 数控系统常用编程指令的含义、格式。

一、数控编程的概念

根据零件的图样和技术要求、工艺要求等切削加工的必要信息，按数控系统所规定的指令和格式编制成加工程序文件，这个过程称为零件数控加工程序编制，简称数控编程。

二、数控编程的分类

数控编程可以分为两类：一类是手工编程，另一类是自动编程。

1. 手工编程

手工编程是指编制零件数控加工程序的各个步骤，即从零件图样分析、工艺决策、确定加工路线和工艺参数、计算刀位轨迹坐标数据、编写零件的数控加工程序单直至程序的检验，均由人工来完成。

对于点位加工或几何形状不太复杂的轮廓加工，几何计算较简单，程序段不多，手工编程即可实现。例如简单阶梯轴的车削加工，一般不需要复杂的坐标计算，往往可以由技术人员根据工序图样数据，直接编写数控加工程序。但对轮廓形状不是由简单的直线、圆弧组成的复杂零件，特别是空间复杂曲面零件，数值计算则相当烦琐，工作量大，容易出错，且很难校对，采用手工编程是难以完成的。

2. 自动编程

自动编程是采用计算机辅助数控编程技术实现的，需要一套专门的数控编程软件。现代数控编程软件主要分为以批处理命令方式为主的各种类型的语言编程软件和交互式 CAD/CAM 集成化编程软件。

APT 是一种自动编程工具（Automatically Programmed Tool）的简称，是对工件、刀具的几何形状及刀具相对于工件的运动等进行定义时所用的一种接近于英语的符号语言。在编程时，编程人员依据零件图样，以 APT 语言的形式表达出加工的全部内容，再把用 APT 语言书写的零件加工程序输入计算机，经 APT 语言编程系统编译产生刀位文件（CLDATA file），通过后置处理后，生成数控系统能接受的零件数控加工程序的过程，称为 APT 语言自动编程。

采用 APT 语言自动编程时，计算机（或编程机）代替程序编制人员完成烦琐的数值计算工作，并省去了编写程序单的工作量，因而可将编程效率提高数倍到数十倍，同时解决了手工编程无法解决的许多复杂零件的编程难题。

三、数控编程的步骤

数控编程的主要内容有：分析零件图样、确定工艺过程、数值计算、编写加工程序、校对程序及首件试切。编程的具体步骤如下：

1. 图样分析

根据零件的图样和技术文件，对零件的轮廓形状、有关标注、尺寸、精度、表面粗糙度、毛坯种类、件数、材料及热处理等项目要求进行分析并形成初步的加工方案。

2. 辅助准备

根据图样分析确定机床和夹具、机床坐标系、编程坐标系、刀具准备、对刀方法、对刀点位置及测定机械间隙等。

3. 制订加工工艺

拟订加工工艺方案，确定加工方法、加工线路与余量的分配、定位夹紧方式，并合理选用机床、刀具及切削用量等。

4. 数值计算

在编制程序前，还需对加工轨迹的一些未知坐标值进行计算，作为程序输入数据，主要包括数值换算、尺寸链解算、坐标计算和辅助计算等。对于复杂的加工曲线和曲面还须使用计算机辅助计算。

5. 编写加工程序单

根据确定的加工路线、刀具号、刀具形状、切削用量、辅助动作以及数值计算的结果，按照数控车床规定使用的功能指令代码及程序段格式，逐段编写加工程序。此外，还应附上必要的加工示意图、刀具示意图、机床调整卡、工序卡等加工条件说明。

6. 制作控制介质

加工程序完成以后，还必须将加工程序的内容记录在控制介质上，以便输入到数控装置中。还可采用手动方式将程序输入到数控装置中。

7. 程序校对

加工程序必须经过校验和试切削才能正式使用，通常可以通过数控车床的空运行检查程序格式有无出错，或者用模拟仿真软件来检查刀具加工轨迹的正误，根据加工模拟轮廓的形状，与图样对照检查。但是，这些方法尚无法检查出刀具偏置误差和编程计算不准而造成的零件误差大小，以及切削用量选用是否合适、刀具断屑效果和工件表面质量是否达到要求，所以必须采用首件试切的方法来进行实际效果的检查，以便对程序进行修正。

四、数控车床加工程序结构与程序段格式

1. 程序结构

一个完整的程序一般由程序名、程序主体和程序结束指令三部分组成。

（1）程序名　FANUC系统程序名是O××××。其中，××××是四位正整数，可以为0000~9999，如O2255。程序名一般要求单列一段且不需要段号。

（2）程序主体　由若干个程序段组成，表示数控机床要完成的全部动作。每个程序段由一个或多个指令构成，一般占一行，用";"作为每个程序段的结束符号。

（3）程序结束指令　可用M02或M30，一般要求单列一行。

2. 程序段格式

现在最常用的是可变程序段格式。每个程序段由若干个地址字构成，而地址字又由表示地址字的英文字母、特殊文字和数字构成，见表1-5。

表1-5　可变程序段格式

序号	1	2	3	4	5	6	7	8	9	10
程序字	N	G	X U	Y V	Z W	I、J、K、R	F	S	T	M
说明	程序段号	准备功能字	尺寸功能字				进给功能字	主轴功能字	刀具功能字	辅助功能字

示例如 N50 G01 X30.0 Z40.0 F100;

说明：

1）N××为程序段号，由地址符 N 和后面的若干位数字表示。在大部分系统中，程序段号仅作为跳转或程序检索的目标位置指示。因此，它的大小及次序可以颠倒，也可以省略。程序段在存储器内以输入的先后顺序排列，而程序的执行是严格按信息在存储器内的先后顺序逐段执行的，也就是说，执行的先后次序与程序段号无关。但是，当程序段号省略时，该程序段将不能作为跳转或程序检索的目标程序段。

2）程序段的中间部分是程序段的内容，主要包括准备功能字、尺寸功能字、进给功能字、主轴功能字、刀具功能字、辅助功能字等。但并不是所有程序段都必须包含这些功能字，有时一个程序段内可仅含有其中一个或几个功能字，如下列程序段都是正确的程序段：

N10 G01 X100.0 F100；

N80 M05；

3）程序段号也可以由数控系统自动生成，程序段号的递增量可以通过机床参数进行设置，一般可设定增量值为 10，以便在修改程序时方便进行插入操作。

五、数控车床坐标系与坐标值计算

1. 数控车床坐标系

（1）建立坐标系的基本原则　永远假定工件静止，刀具相对于工件移动。

坐标系采用右手直角坐标系，如图 1-25 所示，大拇指的方向为 X 轴的正方向，食指指向为 Y 轴的正方向，中指指向为 Z 轴的正方向。在确定了 X、Y、Z 坐标的基础上，根据右手螺旋法则，可以很方便地确定出 A、B、C 三个旋转坐标的方向。

规定 Z 坐标的运动由传递切削动力的主轴决定，与主轴轴线平行的坐标轴即为 Z 轴；X 轴为水平方向，平行于工件装夹面并与 Z 轴垂直。规定以刀具远离工件的方向为坐标轴的正方向。

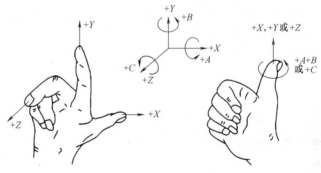

图 1-25　右手直角坐标系

依据以上原则，当车床为前置刀架时，X 轴正向向前，指向操作者，如图 1-26 所示；当机床为后置刀架时，X 轴正向向后，背离操作者，如图 1-27 所示。

（2）机床坐标系　机床坐标系是以机床原点为坐标系原点建立起来的 XOZ 直角坐标系。

1）机床原点。机床原点又称机械原点，

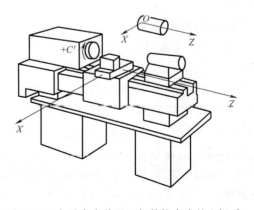

图 1-26　水平床身前置刀架数控车床的坐标系

即机床坐标系的原点，是机床上的一个固定点，其位置是由机床设计和制造单位确定的，通常不允许用户改变。数控车床的机床原点一般为主轴回转中心与卡盘后端面的交点，如图1-28所示。

2）机床参考点。机床参考点也是机床上的一个固定点，它是用机械挡块或电气装置来限制刀架移动的极限位置，作用主要是给机床坐标系一个定位。因为如果每次开机后无论刀架停留在哪个位置，系统都把当前位置设定成（0，0），这就会造成基准的不统一。

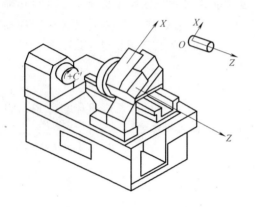

图1-27　倾斜床身后置刀架数控车床的坐标系

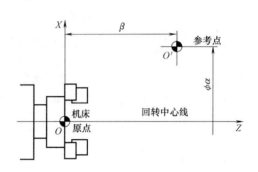

图1-28　机床原点

数控车床在开机后首先要进行回参考点（也称回零点）操作。机床在通电之后，返回参考点之前，不论刀架处于什么位置，此时CRT上显示的Z与X的坐标值均为0。只有完成了返回参考点操作后，刀架运动到机床参考点，此时CRT上显示出刀架基准点在机床坐标系中的坐标值，即建立了机床坐标系。

（3）工件坐标系　数控车床加工时，工件可以通过卡盘夹持于机床坐标系下的任意位置，这样一来在机床坐标系下编程就很不方便。所以编程人员在编写零件加工程序时通常要选择一个工件坐标系，也称编程坐标系，程序中的坐标值均以工件坐标系为依据。

工件坐标系的原点可由编程人员根据具体情况确定，一般设在图样的设计基准或工艺基准处。根据数控车床的特点，工件坐标系原点通常设在工件左、右端面的中心或卡盘前端面的中心。

2. 坐标值计算

在编制加工程序时，为了准确描述刀具运动轨迹，除正确使用准备功能字外还要有符合图样轮廓的地址及坐标值。要正确识读零件图样中各坐标点的坐标值，首先要确定工件编程原点，以此建立一个直角坐标系，来进行各坐标点坐标值的确定。

（1）绝对坐标值　在直角坐标系中，所有的坐标点均以直角坐标系中的原点（工件编程原点）作为坐标位置的起点（0，0）。例如图1-29中，O_1、O_2是工件上两个不同的编程原点，并以之计算各坐标点的坐标值，箭头所指的方向为坐标轴正方向。绝对坐标值是指某坐标点到工件编程原点之间的垂直距离，用X代表径向，Z代表轴向，且X向在直径编程时为直径值（实际距离的2倍）。图1-29中各点的绝对坐标值如下：

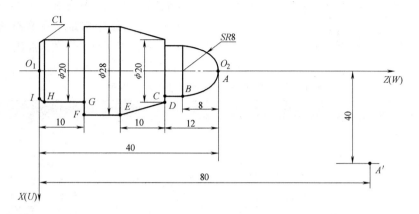

图 1-29 坐标值计算

以 O_1 为编程原点　　　　　　　　　　以 O_2 为编程原点

	X	Z			X	Z
A'	80	80		A'	80	40
A	0	40		A	0	0
B	16	32		B	16	−8
C	16	28		C	16	−12
D	20	28		D	20	−12
E	28	18		E	28	−22
F	28	10		F	28	−30
G	20	10		G	20	−30
H	20	1		H	20	−39
I	18	0		I	18	−40

（2）增量坐标值（相对坐标值）　在坐标系中，运动轨迹的终点坐标是以起点计量的，各坐标点的坐标值是相对于前点所在的位置之间的距离（径向用 U 表示，轴向用 W 表示）。

图 1-29 中各点的加工顺序是：$A' \to A \to B \to C \to D \to E \to F \to G \to H \to I$，则各坐标点的增量坐标值是：$A$ 点（$U-80$，$W-40$）（相对于 A' 点），B 点（$U16$，$W-8$）（相对于 A 点），C 点（$U0$，$W-4$）（相对于 B 点），D 点（$U4$，$W0$），E 点（$U8$，$W-10$），F 点（$U0$，$W-8$），G 点（$U-8$，$W0$），H 点（$U0$，$W-9$），I 点（$U-2$，$W-1$）。

从以上各点坐标值不难看出，各点的增量坐标值都是相对于前一个点的位置而言的，而不是像绝对坐标值那样各点都是相对于编程原点而言的。

六、数控车床常用编程指令

不同的数控车床，其编程功能指令基本相同，但也有个别功能指令的定义有所不同，这里以 FANUC 0i 系统为例介绍数控车床的基本编程功能指令。

1. 准备功能指令

（1）作用　用来规定刀具和工件的相对运动轨迹、坐标设定、刀具补偿偏置等多种加工操作。

（2）指令格式　G××。其中 G 为地址，×× 为数字（00～99）。

（3）分类　模态（续效），即表示该代码一经在一个程序段中指定，一直有效，直到出现同组的另一个 G 代码时才失效；非模态，只在所指定的程序段中有效。常用的准备功能指令见表1-6。

表1-6　FANUC 0i 系统常用准备功能指令

代码	组别	功能	程序格式
▲G00	01	快速点定位	G00 X(U)__ Z(W)__;
G01		直线插补	G01 X(U)__ Z(W)__ F__;
G02		顺时针方向圆弧插补	G02 X(U)__ Z(W)__ R__ F__;
G03		逆时针方向圆弧插补	G03 X(U)__ Z(W)__ I__ K__ F__;
G04	00	暂停	G04 X__;或 G04 U__;或 G04 P__;
G20	06	英制输入	G20;
G21		米制输入	G21;
G27	00	返回参考点检查	G27 X__ Z__;
G28		返回参考点	G28 X__ Z__;
G30	00	返回第 2、3、4 参考点	G30 P3 X__ Z__; 或 G30 P4 X__ Z__;
G32	01	螺纹切削	G32 X__ Z__ F__;（F 为导程）
G34		变螺距螺纹切削	G34 X__ Z__ F__ K__;
▲G40	07	刀具半径补偿取消	G40 G00 X(U)__ Z(W)__;
G41		刀具半径左补偿	G41 G01 X(U)__ Z(W)__ F__;
G42		刀具半径右补偿	G42 G01 X(U)__ Z(W)__ F__;
G50	00	坐标系设定或主轴最大速度设定	G50 X__ Z__;或 G50 S__;
G52		局部坐标系设定	G52 X__ Z__;
G53		选择机床坐标系	G53 X__ Z__;
▲G54	14	选择工件坐标系 1	G54;
G55		选择工件坐标系 2	G55;
G56		选择工件坐标系 3	G56;
G57		选择工件坐标系 4	G57;
G58		选择工件坐标系 5	G58;
G59		选择工件坐标系 6	G59;
G65	00	宏程序调用	G65 P__ L__ <自变量指定>;
G66	12	宏程序模态调用	G66 P__ L__ <自变量指定>;
▲G67		宏程序模态调用取消	G67;
G70	00	精车循环	G70 P__ Q__;
G71		外径粗车循环	G71 U__ R__; G71 P__ Q__ U__ W__ F__;

（续）

代码	组别	功能	程序格式
G72	00	端面粗车复合循环	G72 W __ R __ ; G72 P __ Q __ U __ W __ F __ ;
G73		多重车削循环	G73 U __ W __ R __ ; G73 P __ Q __ U __ W __ F __ ;
G74		端面啄式钻孔循环	G74 R __ ; G74 X(U)__ Z(W)__ P __ Q __ R __ F __ ;
G75		内孔/外圆/沟槽复合循环	G75 R __ ; G75 X(U)__ Z(W)__ P __ Q __ R __ F __ ;
G76		螺纹切削复合循环	G76 P __ Q __ R __ ; G76 X(U)__ Z(W)__ R __ P __ Q __ F __ ;
G90	01	外径/内径切削循环	G90 X(U)__ Z(W)__ F __ ; G90 X(U)__ Z(W)__ R __ F __ ;
G92		螺纹切削循环	G92 X(U)__ Z(W)__ F __ ; G92 X(U)__ Z(W)__ R __ F __ ;
G94		端面切削循环	G94 X(U)__ Z(W)__ F __ ; G94 X(U)__ Z(W)__ R __ F __ ;
G96	02	恒线速度控制	G96 S __ ;
▲ G97		取消恒线速度控制	G97 S __ ;
G98	05	每分钟进给	G98 F __ ;
▲ G99		每转进给	G99 F __ ;

注：1. 标▲的为开机默认指令。

2. 00 组 G 代码都是非模态指令。

3. 不同组的 G 代码能够在同一程序段中指定。如果同一程序段中指定了同组 G 代码，则最后指定的 G 代码有效。

4. G 代码按组号显示，对于表中没有列出的功能指令，请参阅有关厂家的编程说明书。

2. 辅助功能指令

（1）作用　用于控制零件程序的走向，以及机床各种辅助功能的开关动作。

（2）指令格式　M××。其中 M 为地址，×× 为数字（00～99）。

FANUC 系统常用的 M 指令见表 1-7。

表 1-7　常用 M 指令

序号	指令	功能	序号	指令	功　能
1	M00	程序暂停	7	M30	程序结束并返回程序开头
2	M01	程序选择停止	8	M08	切削液开
3	M02	程序结束	9	M09	切削液关
4	M03	主轴正转	10	M98	调用子程序
5	M04	主轴反转	11	M99	子程序结束返回
6	M05	主轴停止			

3. 其他功能指令

常用的其他功能指令有刀具功能指令、主轴转速功能指令、进给功能指令，这些功能指令的应用对简化编程十分有利。

（1）刀具功能指令

指令格式：T ＿ ＿ ＿ ＿。

说明：选择刀具及刀具补偿，地址字 T 后接四位数字，前两位是刀具号（0～99），后两位是刀具补偿值组别号。

例如，T0202 表示选择 2 号刀具，2 号偏置量；T0300 表示选择 3 号刀具，刀具偏置取消。刀具号与刀具补偿号不必相同，但为了方便一般选择相同。刀具补偿值一般作为参数设定并以手动输入（MDI）方式输入数控装置。

（2）主轴转速功能指令

指令格式：用字母 S 及其后面的若干位数字表示。

说明：用来指定主轴的转速。S 代码为模态指令，需与 G 代码结合，有不同含义，如下：

1）G96 S100；线速度恒定，切削速度为 100m/min。

2）G50 S2000；设定主轴的最高转速为 2000r/min。

3）G97 S500；取消线速度恒定功能，主轴的转速为 500/min。

（3）进给功能指令　进给速度可用两种方式指定。

1）每分钟进给量 G98（模态指令）。

指令格式：G98 F＿；单位 mm/min

指定 G98 后，在 F 后用数值直接指定刀具每分钟的进给量。

2）每转进给量 G99（模态指令）。

指令格式：G99 F＿；单位 mm/r

指定 G99 后，在 F 后用数值直接指定刀具每转的进给量。G99 为数控车床的初始状态。

思 考 与 练 习

1. 数控车床有哪些组成部分？各有什么作用？
2. 简述数控车床的工作过程。
3. 数控车床的加工特点是什么？
4. 数控车床与普通车床的本质区别是什么？
5. 简述数控编程的步骤。
6. 数控加工程序由哪几部分组成？
7. 机床坐标系与工件坐标系的区别是什么？
8. 机床原点、机床参考点和工件坐标系原点的区别是什么？
9. 列举数控车床上常用的数控系统。
10. 试说明 FANUC、GSK980T、华中数控系统的数控车床操作面板有何异同。
11. 为什么要对机床进行回参考点操作？
12. 数控车床上常用的夹具有哪些？
13. 对刀的目的是什么？

模块二　轴类零件加工

任务一　外圆柱面零件的加工

【任务目标】

一、任务描述

加工图 2-1 所示零件，毛坯为 $\phi30$mm 的棒料，材料为 45 钢。

二、知识目标

1. 了解轴类零件的特点。
2. 学习外圆柱面加工的工艺内容。
3. 学习 G00、G01、G50 指令及其编程方法。

三、技能目标

具有根据给定程序进行零件仿真加工的基本技能。

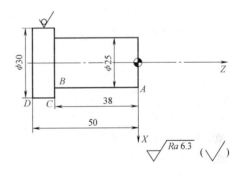

图 2-1　轴类零件

【知识链接】

1. 轴类零件的特点

轴类零件是机器中经常遇到的典型零件之一。它主要用来支承传动零部件、传递转矩和承受载荷。轴类零件是回转体类零件，其长度大于直径，一般由同心轴的外圆柱面、圆锥面、内孔和螺纹及相应的端面所组成。根据结构形状的不同，轴类零件可分为光轴、阶梯轴、空心轴和曲轴等。轴的长径比（长度与直径比值）小于 5 时称为短轴，大于 20 时称为细长轴，大多数轴介于这两者之间。此外，轴类零件还可分为精度高的和一般的。其中，精度高的轴类零件要从中心孔两头顶起加工，这样可以保证轴的每档尺寸的同轴度，也有利下道工序如磨削加工。加工长轴时要用中心架，加工细轴时要用跟刀架。对于一般要求的轴，可一头用自定心卡盘装夹，另一头用顶尖支承的装夹方法。

2. 学习 G00、G01、G50 指令

（1）设定工件坐标系指令 G50

指令格式：G50X ＿ Z ＿；

说明：数控机床通过刀尖点相对于工件原点的位置来设定工件坐标系，X、Z 为刀尖点距工件原点的绝对坐标值。在实际加工以前通过对刀操作即可获得这一数据。

如图 2-2 所示，工件原点设置在工件右端面的中心点 O，指令编写为：

G50 X160 Z100；

工件原点设置在 O_1 点，指令为：

G50 X120 Z80；

（2）快速点定位指令 G00

指令格式：G00 X（U）＿ Z（W）＿；

说明：G00 指令表示刀具以机床给定的快速进给速度移动到目标点。采用绝对坐标编程时，X、Z 表示目标点在工件坐标系中的坐标值；采用增量坐标编程时，U、W 表示目标点相对于当前点移动的距离与方向。

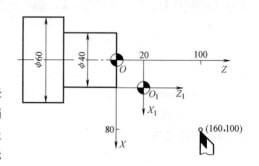

图 2-2　G50 指令举例

注意：

1）G00 移动速度是机床设定的空行程速度，程序段中 F 指令对 G00 指令无效。

2）车削时，快速定位目标点不能直接选在工件上，一般要离开工件 1～2mm。

3）有的数控系统用 G00 编程时，也可以写成 G0。类似地，像 G01、G02 等指令，前面的 0 均可省略。

4）由于运动轨迹不确定，所以使用 G00 指令时要注意刀具是否和工件及夹具发生干涉，忽略这一点，就容易发生碰撞，而在快速状态下的碰撞更加危险。可以指令刀具先沿一个轴运动，再沿另一个轴运动。

如图 2-3 所示，刀尖从当前点快速移动到目标点，指令编写如下：

G00 X30 Z10；采用绝对坐标编程

G00 U－20 W－15；采用增量坐标编程

（3）直线插补指令 G01

指令格式：G01 X（U）＿ Z（W）＿ F＿；

说明：G01 指令使刀具以设定的进给量从所在点出发，在两坐标或三坐标间直线插补到目标点。采用绝对坐标编程时，X、Z 表示目标点在工件坐标系中的坐标值；采用增量坐标编程时，U、W 表示目标点相对于当前点移动的距离与方向。F 表示进给量。

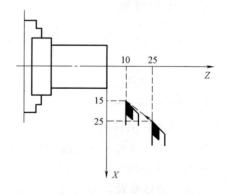

图 2-3　G00 指令举例

纵切：车削外圆、内孔等与 Z 轴平行的加工，此时只需单独指定 Z 或 W。

横切：车削端面、沟槽等与 X 轴平行的加工，此时只需单独指定 X 或 U。

锥切：同时指令 X、Z 两轴移动，来车削锥面的直线插补运动。

如图 2-4 所示，刀尖从当前点以 0.2mm/r 的速度直线插补到目标点，指令编写如下：

G01（X20）Z-20 F0.2；采用绝对坐标编程，X20 可省略不写

G01（U0）W-20 F0.2；采用增量坐标编程，U0 可省略不写

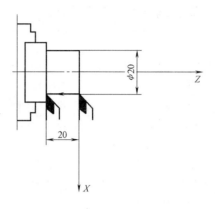

图 2-4　G01 指令举例

【任务实施】

一、确定数控车削加工工艺

1. 分析零件图

1）尺寸 $\phi30$mm 的外表面不需要加工。

2）需要加工的表面有右端面和 $\phi25$mm 的外圆表面。

2. 确定加工工艺

（1）确定工艺路线　该零件分 4 个工步完成：车右端面→粗车 $\phi25$mm 外圆→精车 $\phi25$mm 外圆→切断。

（2）选择装夹表面与夹具　装夹 $\phi30$mm 棒料的外表面，使用自定心卡盘，棒料伸出卡盘长度为 70mm。

3. 选择刀具

1）1 号刀为 90°外圆车刀，加工外圆和端面。

2）2 号刀为切断刀，切断工件，选择左刀尖点作为刀位点，刀宽 4mm。

4. 确定切削用量

切削用量见表 2-1。

表 2-1　切削用量

切削用量 工步	背吃刀量/mm	进给量/(mm/r)	主轴转速/(r/min)
车右端面		0.1	500
粗车 $\phi25$mm 的外圆	2	0.2	500
精车 $\phi25$mm 的外圆	0.5	0.1	800
切断		0.1	300

5. 设定工件坐标系

选取工件右端面的中心点为工件坐标系原点。

6. 计算各基点坐标（在图 2-1 中标出各点的位置）

各基点坐标见表 2-2。

表 2-2　各基点坐标

点	坐标值(X,Z)
A	(25,0)
B	(25,-38)
C	(30,-38)
D	(30,-50)

二、编制数控加工程序

程序	注　释
O2001；	程序名为 O2001
N05 G21 G99 G40；	坐标单位是米制单位，进给量是每转进给，取消刀具半径补偿
N10 G50 X100 Z100；	建立工件坐标系
N15 T0101；	调用 1 号刀，调用 1 号刀的偏置值。此处因为用 G50 指令建立坐标系，故 1 号刀的偏置值应该为 0
N20 G97 S500 M03；	主轴转速为 500r/min，主轴正转
N25 G00 X34 Z5；	刀具快速移动到点(34,5)
N30 G01 Z0 F0.4；	刀具直线插补到切削端面的起始点(34,0)，进给量为 0.4mm/r
N40 G01 X-1 F0.1；	刀具直线插补到点(-1,0)，进给量为 0.1mm/r，切削端面
N50 G00 Z2；	刀具快速移动到点(-1,2)，快速退刀
N60 X26；	刀具快速移动到粗车外圆的起始点(26,2)，背吃刀量为 2mm
N70 G01 Z-38 F0.2；	刀具直线插补到点(26,-38)，进给量为 0.2mm/r，粗车外圆
N80 X34；	刀具直线插补到点(34,-38)，垂直外圆表面退刀
N90 G00 Z2；	刀具快速移动到点(34,2)
N100 X25 S800；	刀具快速移动到精车外圆的起始点(25,2)，背吃刀量为 0.5mm，主轴转速为 800r/min
N110 G01 Z-38 F0.1；	刀具直线插补到点(25,-38)，进给量为 0.1mm/r
N120 X34；	刀具直线插补到点(34,-38)，垂直外圆表面退刀
N130 G00 X100 Z100；	刀具快速移动到换刀点(100,100)
N140 T0202；	换 2 号刀，调用 2 号刀的偏置值
N145 G00 X34 Z-54 S300；	刀具快速移动到切断工件的起始点(34,-54)，主轴转速为 300r/min
N150 G01 X-1 F0.1；	刀具直线插补到点(-1,-54)，进给量为 0.1mm/r，切断工件
N160 G00 X100；	刀具快速移动到点(100,-54)，垂直快速退刀
N170 Z100；	快速退回到换刀点(100,100)
N180 M05；	主轴停止转动
N190 M30；	程序结束

三、仿真加工

仿真加工的过程如下：

1）启动软件。

2）选择机床与数控系统，本书主要采用 FANUC 0i 数控系统。

3）激活机床。

4）设置工件并安装。

5）选择刀具并安装。

6）试切法对刀。用 G50 设定工件坐标系的对刀方法如下：

① 用外圆车刀先试车一外圆，测量外圆直径后，使车刀沿 Z 轴正方向退刀，切端面到中心（X 轴坐标减去直径值）。

② 选择 MDI 方式，输入"G50 X0 Z0；"循环启动键，把当前点设为零点。

③ 选择 MDI 方式，输入"G00 X150 Z150；"使刀具离开工件进刀加工。

④ 这时程序开头为"G50 X150 Z150…"。

⑤ 注意，用"G50 X150 Z150"，刀具起点和终点必须一致，即 X150 Z150，这样才能保证重复加工不乱刀。

7）自动加工。

8）测量尺寸。

仿真加工结果如图 2-5 所示。

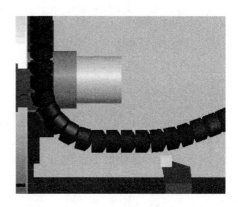

图 2-5 仿真加工结果

【任务评价】

任务评价项目见表 2-3。

表 2-3 任务评价项目

项目	技术要求		配分	得分
程序编制（45%）	刀具卡		5 分	
	工序卡		10 分	
	编制程序		30 分	
仿真操作（40%）	基本操作		10 分	
	新技能	对刀操作	15 分	
	仿真图形及尺寸		10 分	
	规定时间内完成		5 分	
职业能力（15%）	学习能力		10 分	
	表达沟通能力		5 分	
总计				

任务二　圆锥面零件的加工

【任务目标】

一、任务描述

已知毛坯为 ϕ50mm 的棒料，加工图 2-6 所示的零件，材料为 45 钢。

二、知识目标

1. 了解圆锥面零件加工路线。

2. 学习外圆锥面加工的工艺内容。

3. 学习 G90、G54 指令及其编程方法。

三、技能目标

具有根据给定程序进行零件仿真加工的基本技能。

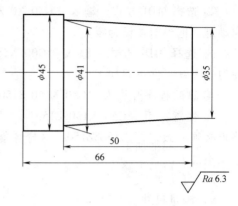

图 2-6 锥面零件

【知识链接】

1. 外圆锥面零件加工路线

（1）车正锥加工路线 如图 2-7a 所示，车正锥时粗加工路线与轮廓线平行，刀具每次切削的背吃刀量相等，切削运动路线较短。采用这种加工路线，加工效率高。但需要计算终点距 S。图 2-7b 所示粗加工路线与轮廓线不平行。此法不需要计算终点距，计算方便，但每次切削中背吃刀量是变化的，而且切削运动路线较长，容易引起工件表面粗糙度值不一致。图 2-7c 所示粗加工路线与水平轴平行，将毛坯粗车成台阶状，再用一次进给精车出圆锥面。用此种方法粗车圆锥面，刀具切削运动的路线最短，但也要计算每次进给的终点坐标值，且其所留精加工余量不均匀，使精加工刀具受力不均匀，影响圆锥面的加工精度和表面质量。

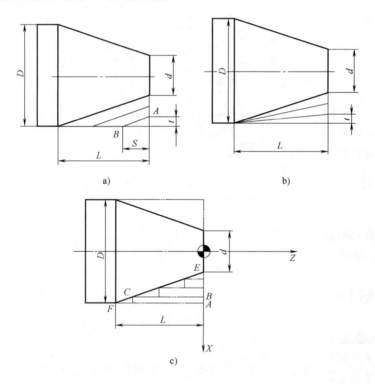

图 2-7 车正锥加工路线

假设圆锥大径为 D，小径为 d，锥长为 L，每次背吃刀量为 t，按照图 2-7a 所示车圆锥的加工路线，两刀粗车的终点距 S 可由相似三角形得

$$\frac{D-d}{2L}=\frac{t}{S}$$

则

$$S=\frac{2Lt}{D-d}$$

按照图 2-7c 所示车圆锥的加工路线，则

$$S=BC=\frac{2L}{D-d}\times\left(\frac{D-d}{2}-t\right)$$

（2）车倒锥加工路线　图 2-8a 所示为车倒锥时粗加工路线与轮廓线平行，图 2-8b 所示为车倒锥时粗加工路线与轮廓线不平行。其车削原理与车正锥相同。

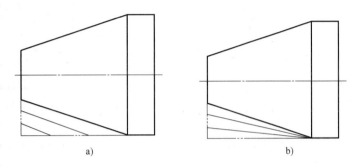

a) 　　　　　　　　　　　　　　　　b)

图 2-8　车倒锥加工路线

2. 学习 G90、G54 指令

（1）外径/内径切削循环指令 G90

1）圆柱车削循环指令。

指令格式：G90 X（U）__ Z（W）__ F __；

说明：表示圆柱车削循环，进给轨迹如图 2-9 所示，当刀具在 A 点（循环起点）定位后，执行 G90 循环指令，则刀具由 A 点以 G00 方式径向移动至 B 点，再以 G01 方式沿轴向切削进给至 C 点（切削终点），再切削至 D 点，最后以 G00 方式返回 A 点，完成一个循环切削。其中，X、Z 是圆柱面切削终点的绝对坐标值；U、W 是圆柱面切削终点相对于循环起点的增量坐标值。

注意：使用 G90 循环指令前，刀具必须先定位至循环起点，再执行循环切削指令，且完成一个循环切削后，刀具仍要回到此循环起点。该点的位置一般宜选择在离开工件或毛坯 1～2mm 处。

2）锥体车削循环指令。

指令格式：G90 X（U）__ Z（W）__ R __ F __；

说明：指令的运动轨迹如图 2-10 所示，类似于圆柱车削循环。其中，X（U）、Z（W）含义与圆柱车削循环指令相同；R 为圆锥起点与终点的半径之差，带正、负号，即锥面起点坐标大于切削终点坐标时为正，反之为负。

注意：锥体循环车削时，循环起点一般应选在离工件 X 向 1～2mm、Z 向 1～2mm 处。但此时要注意 R 值的计算，如图 2-10 所示，若 Z 向起刀点在 Z2.0 上，为了避免产生锥度误差，应在锥度的延长线上起刀，此时 $R\neq7.5-10=-2.5$，而是 $R=-\frac{20-15}{2}\times32/30=-2.667$。

对于锥面加工的背吃刀量，应参照最大加工余量来确定，即以图 2-10 中的 *EF* 段的长度来进行平均分配。如果按 *GH* 段长度分配背吃刀量的大小，则在加工过程中第一次循环开始处的背吃刀量过大，如图中 *HIF* 区域所示，即此时切削开始处的背吃刀量为 2.5mm。

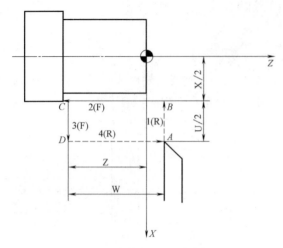

图 2-9　圆柱车削循环进给轨迹

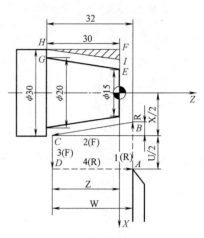

图 2-10　锥面车削循环进给轨迹

（2）工件坐标系选择指令 G54～G59

指令格式：G54；

G00 X ___ Z ___；

说明：G54 指令为选择工件坐标系 1；G55 为选择工件坐标系 2；G56 为选择工件坐标系 3；G57 为选择工件坐标系 4；G58 为选择工件坐标系 5；G59 为选择工件坐标系 6。

注意：1）G54～G59 是系统预置的六个坐标系选择指令，可根据需要选用。

2）G54～G59 建立的工件坐标原点是相对于机床原点而言的，在程序运行前已设定好，在程序运行中是无法重置的。

3）G54～G59 预置建立的工件坐标原点在机床坐标系中的坐标值可用 MDI 方式输入，系统自动记忆。

4）使用该组指令前，必须先回参考点。

5）G54～G59 为模态指令，可相互注销。

G54～G59 与 G50 之间的区别是：用 G50 时，后面一定要跟坐标地址字；而用 G54～G59 时，则不需要后跟坐标地址字，且可单独作为一行书写。若其后紧跟有地址坐标字，则该地址坐标字是附属于前次移动所用的模态 G 指令的，如 G00、G01 等。用 G54～G59 指令设置工件坐标原点可在"数据设定→零点偏置"菜单项中进行。

【任务实施】

一、确定数控车削加工工艺

1. 分析零件图

由零件图分析可知，该零件需要加工的表面有右端面、圆锥面、圆柱面；通过切断保证长度尺寸为 66mm。

2. 确定加工工艺

（1）确定工艺路线　该零件分四个工步完成：车右端面→粗车外表面→精车外表面→切断。

（2）选择装夹表面与夹具　装夹 ϕ50mm 棒料的外表面，使用自定心卡盘，棒料伸出卡盘长度为 86mm。

3. 选择刀具

1）1 号刀为 90°外圆车刀，加工外表面和端面。

2）2 号刀为切断刀，切断工件，选择左刀尖点作为刀位点，刀宽 4mm。

4. 确定切削用量

切削用量见表 2-4。

表 2-4　切削用量

工步 \ 切削用量	背吃刀量/mm	进给量/(mm/r)	主轴转速/(r/min)
车右端面		0.1	500
粗车外表面	2	0.2	500
精车外表面	0.5	0.1	800
切断		0.1	300

5. 设定工件坐标系

选取工件右端面的中心点为工件坐标系原点。

6. 计算各基点坐标（在图 2-6 中标出各点的位置）

各基点坐标见表 2-5。

表 2-5　各基点坐标

点	坐标值(X, Z)
1	(35, 0)
2	(41, -50)
3	(45, -50)
4	(45, -66)

二、编制数控加工程序

程序	注　释
O2002;	程序名为 O2002
N05 G21 G99 G40;	坐标单位是米制单位，进给量是每转进给，取消刀具半径补偿
N10 G54 G00 X100 Z100;	建立工件坐标系，刀具快速运动至(100,100)处
N15 T0101;	调用 1 号刀，调用 1 号刀的偏置值，此处因为用 G54 指令建立坐标系，故 1 号刀的偏置值应该为 0
N20 G97 S500 M03;	主轴转速为 500r/min，主轴正转
N25 G00 X52 Z5;	刀具快速移动到点(52,5)

（续）

程序	注　释
N30 G01 X35 Z0 F0.4；	刀具直线插补到切削端面的起始点(35,0)，进给量为 0.4mm/r
N40 G01 X－1 F0.1；	刀具直线插补到点(－1,0)，进给量为 0.1mm/r，切削端面
N50 G00 Z1；	刀具快速移动到点(－1,1)，快速退刀
N60 X52 Z5；	刀具快速移动到外径切削循环的起始点(52,5)
N70 G90 X46 Z－72 F0.2；	刀具第一次外圆切削循环，背吃刀量为 2mm，进给量为 0.2mm/r
N80 X42 Z－50；	第二次外圆切削循环，背吃刀量为 2mm
N90 X41 Z－50 R-1.5；	刀具第一次锥面切削循环
N100 R-2.5；	刀具第二次锥面切削循环
N110 G00 X35 Z1 S800；	刀具快速移动到点(35,1)主轴转速为 800r/min，准备精加工
N120 G01 Z0 F0.1；	刀具直线插补到圆锥面起始点(35,0)，进给量为 0.1mm/r
N130 X41 Z－50；	刀具直线插补到点(41,－50)，精车圆锥面
N140 X45；	刀具直线插补到点(45,－50)，精车轴肩
N145 Z－71；	刀具直线插补到点(45,－71)，精车圆柱面
N150 G00 X100 Z100；	刀具快速退刀到点(100,100)，快速退刀至换刀点
N160 T0202；	换 2 号刀，调用 2 号刀的偏置值
N170 G00 X47 Z－70 S300；	刀具快速移动到切断工件的起始点(47,－70)，主轴转速为 300r/min
N180 G01 X－1 F0.1	刀具直线插补到点(－1,－70)，进给量为 0.1mm/r，切断工件
N190 G00 X100；	刀具快速移动到点(100,－70)，垂直快速退刀
N200 Z100	快速退回到换刀点(100,100)
N210 M05；	主轴停止转动
N220 M30；	程序结束

三、仿真加工

仿真加工的过程：

1）启动软件。

2）选择机床与数控系统，本书主要采用 FANUC 0i 数控系统。

3）激活机床。

4）设置工件并安装。

5）选择刀具并安装。

6）试切法对刀。此处用 G54 设定工件坐标系的对刀方法如下：

① 手动切削端面。

② 沿 X 轴移刀具但不改变 Z 坐标，然后停止主轴。

③ 按下功能键 OFFSET SETING 。

④ 按下软键 ［WORK］，显示工件原点偏置的设定画面。

⑤ 将光标定位在所需设定的工件原点偏置 G54 上。

⑥ 按下所设定偏置的轴的地址键 Z ，输入 0，然后按下软键 ［MEASUR］，工件原点在

机床坐标系中的 Z 坐标就存储在 G54 的 Z 存储单元。

⑦ 手动切削外圆。

⑧ 沿 Z 轴移动刀具但不改变 X 坐标，然后主轴停止

⑨ 测量外圆直径 D，然后输入直径 XD，按下软键
［MEASUR］，工件原点在机床坐标系中的 X 坐标就存储在
G54 的 X 存储单元。

7）自动加工。

8）测量尺寸。

仿真加工结果如图 2-11 所示。

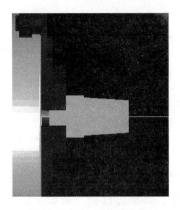

图 2-11　仿真加工结果

【任务评价】

任务评价项目见表 2-6。

表 2-6　任务评价项目

项目	技术要求		配分	得分
程序编制（45%）	刀具卡		5 分	
	工序卡		10 分	
	编制程序		30 分	
仿真操作（40%）	基本操作		10 分	
	新技能	对刀操作	15 分	
	仿真图形及尺寸		10 分	
	规定时间内完成		5 分	
职业能力（15%）	学习能力		10 分	
	表达沟通能力		5 分	
总计				

任务三　圆弧面零件的加工

【任务目标】

一、任务描述

已知毛坯为 $\phi40\text{mm} \times 60\text{mm}$ 的棒料，精加工图 2-12 所示的零件，加工余量为 0.5mm，材料为 45 钢。

二、知识目标

1. 了解圆弧面零件加工的特点。

2. 学习圆弧面零件加工的工艺内容。

3. 学习 G02、G03 指令及其编程方法。

三、技能目标

具有根据给定程序进行零件仿真加工的基本技能。

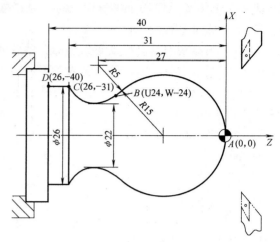

图 2-12 圆弧面零件

【知识链接】

1. 常见圆弧数控车削方法

在进行圆弧车削加工时，有些圆弧的加工余量比较大，若一刀加工则不太合理，需要进行粗、精加工。下面对圆弧的粗车加工方法进行详细介绍。

（1）车锥法 根据加工余量，采用圆锥分层车削的方法将加工余量去除后，再进行圆弧精加工，如图 2-13a 所示。采用这种加工方法时，加工效率高，但计算麻烦。

（2）移圆法 根据加工余量，采用相同的圆弧半径，渐进地向机床的某一轴方向移动，最终将圆弧加工出来，如图 2-13b 所示。采用这种加工方法时，编程简单，但处理不当会导致较多的空行程。

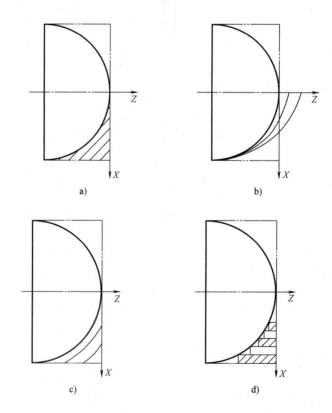

图 2-13 圆弧车削方法

a）车锥法　b）移圆法　c）车圆法　d）台阶车削法

（3）车圆法 在圆心不变的基础上，根据加工余量，采用大小不等的圆弧半径，最终将圆弧加工出来，如图2-13c所示。

（4）台阶车削法 先根据圆弧面加工出多个台阶，再车削圆弧轮廓，如图2-13d所示。这种加工方法在复合固定循环中被广泛应用。

2. 学习G02、G03指令

指令格式：G02 X（U）__ Z（W）__ I __ K __ F __；

G03 X（U）__ Z（W）__ I __ K __ F __；

或

G02 X（U）__ Z（W）__ R __ F __

G03 X（U）__ Z（W）__ R __ F __；

说明：刀具在指定平面内按给定的F进给速度做圆弧运动，切削出圆弧轮廓。其中圆弧顺逆的判断方法是采用右手笛卡儿坐标系，把Y轴方向考虑进去，观察者从Y轴正方向向Y轴负方向看去，顺时针方向用G02，逆时针方向用G03，如图2-14所示。

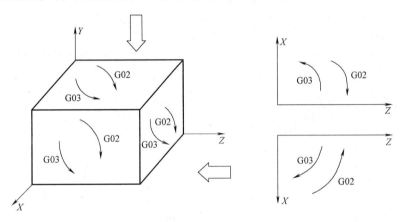

图2-14 圆弧方向判断

【例】 写出图2-15所示圆弧编程指令。

绝对坐标编程方式：

G02 X80 Z－30 I30 K0 F50；或 G02 X80 Z－30 R30 F50；

增量坐标方式：

G02 U60 W－30 I30 K0 F50；或 G02 U60 W－30 R30 F50；

注意：1）X（U）、Z（W）圆弧终点的绝对坐标值或增量坐标值；

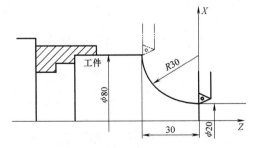

图2-15 圆弧编程指令举例

2）圆心坐标I、K为圆弧起点到圆弧圆心所作矢量分别在X、Z方向上的分矢量，矢量方向指向圆心。

3）R表示圆弧半径。圆心角小于或等于180°的圆弧R值为正值，圆心角大于180°的圆弧R值为负值。

4）程序段同时给出I、K、R时，R值优先，I、K无效。

5）G02、G03用半径编程时，不能描述整圆，只能用I、K表示。

【任务实施】

一、确定数控车削加工工艺

1. 分析零件图

由零件图分析可知，该零件需要加工的表面有圆弧面、台阶端面、外圆表面；通过切断保证长度尺寸为40mm。

2. 确定加工工艺

（1）确定工艺路线　因为零件已经精加工完毕，所以本道工序是精车零件的外表面。

（2）选择装夹表面与夹具　装夹φ40mm棒料的外表面，使用自定心卡盘，棒料伸出卡盘长度为52mm。

3. 选择刀具

1号刀为90°外圆车刀，精车外表面。

4. 确定切削用量

精加工见表2-7。

表2-7　精加工切削用量

工步 \ 切削用量	背吃刀量/mm	进给量/(mm/r)	主轴转速/(r/min)
精车外表面	0.5	0.1	400

5. 设定工件坐标系

选取工件右端面的中心点为工件坐标系原点。

6. 计算各基点坐标（在图2-12中标出各点的位置）

各基点坐标见表2-8。

表2-8　各基点坐标

点	坐标值(X, Z)
A	(0, 0)
B	(U24, W−24)
C	(26, −31)
D	(26, −40)

二、编制数控加工程序

程序	注释
O2003;	程序名是O2003
N10 T0101;	设立坐标系,定义对刀点的位置,选择1号精车刀
N20 G00 G97 G99 X100 Z100 M03 S400;	主轴以400r/min旋转,刀具快速运动至(100,100)处
N30 G00 X40 Z5;	刀具接近工件

（续）

程序	注释
N40 X0；	到达工件中心 Z 向 5mm 处
N50 G01 Z0 F0.1；	工进接触工件坐标系原点
N60 G03 U24 W-24 R15；	加工 R15mm 圆弧段
N70 G02 X26 Z-31 R5；	加工 R5mm 圆弧段
N80 G01 Z-40；	加工 ϕ26mm 外圆
N90 X40；	切出工件
N95 G00 X100 Z100；	返回初始点
N100 M30；	主轴停止，主程序结束并复位

三、仿真加工

仿真加工的过程：

1）启动软件。

2）选择机床与数控系统，本书主要采用 FANUC 0i 数控系统。

3）激活机床。

4）设置工件并安装。

5）选择刀具并安装。

6）试切法对刀。T0101 的对刀方法如下：

① 按"主轴正转"键起动主轴，按"手动"键，将刀具移动到合适的位置，然后按"-Z"手动车削外圆，最后按"+Z"沿 Z 向退刀。

② 按"主轴停止"键停止主轴，然后测量试切部分的直径，测得直径为 ϕ38mm，按"MDI"方式，再按"OFFSET SETTING"功能键，将光标移到 1 号刀的"X AXIS"上，按回车键，再输入 38，再按"测量"键，1 号刀的 X 偏置会被系统自动计算出来。

③ 移动刀具到合适的位置，按"主轴正转"键起动主轴，按"手动"键，然后按"-X"手动车削端面，最后按"+X"沿 X 向退刀。

④ 按"主轴停止"键停止主轴，将光标移到 1 号刀的"Z AXIS"上，输入 0，再按"测量"键，1 号刀的 Z 偏置被系统自动计算出来。

对刀需要注意两点：

① G54～G59 这 6 个坐标系的坐标原点都要设成（0，0），后面将会讲述。

② 程序中，每一把刀具在使用前，都应该用 T 指令调用相应的刀具偏置值，如 T0101、T0202 等。

7）自动加工。

8）测量尺寸。

仿真加工结果如图 2-16 所示。

图 2-16 仿真加工结果

数控车削编程与操作

【任务评价】

任务评价项目见表 2-9。

表 2-9　任务评价项目

项目	技术要求		配分	得分
程序编制(45%)	刀具卡		5分	
	工序卡		10分	
	编制程序		30分	
仿真操作(40%)	基本操作		5分	
	新技能	对刀操作	20分	
	仿真图形及尺寸		10分	
	规定时间内完成		5分	
职业能力(15%)	学习能力		10	
	表达沟通能力		5分	
总计				

思考与练习

一、简答题

1. 如何进行试切对刀，试说明用 G54 指令设定工件坐标系的对刀步骤。
2. 试区别总结 G00 指令和 G01 指令的含义和特点。
3. 简要说明 G90 指令和 G91 指令之间的区别。
4. 锥形切削循环指令中的 R 指的是什么？
5. 使用 G02／G03 指令时，如何判断顺时针/逆时针方向？
6. 试使用两种圆弧插补指令程序段格式进行编程。

二、编程应用题

1. 零件如图 2-17 所示，毛坯为 φ30mm 的圆棒料，材料为 45 钢，试编制程序。

2. 根据程序，在图 2-17 中画出刀具活动轨迹。

3. 零件如图 2-18 所示，毛坯为 φ33mm 的圆棒料，材料为 45 钢，试编制程序，并利用仿真软件仿真加工。

4. 零件如图 2-19 所示，毛坯为 φ45mm 的圆棒

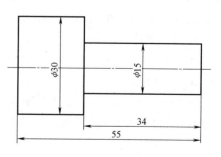

图 2-17　题 2 图

48

料，材料为 45 钢，试编制程序，并利用仿真软件仿真加工。

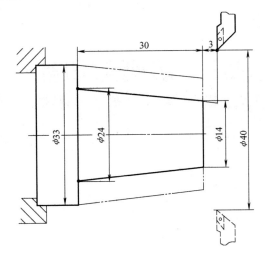

图 2-18　题 3 图

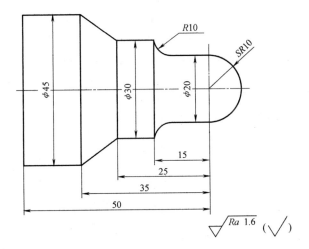

图 2-19　题 4 图

模块三 切槽与切断

【任务目标】

一、任务描述

加工图 3-1 所示零件，毛坯为 φ35mm 的棒料，材料为 45 钢。

二、知识目标

1. 学习 G04 指令及其编程特点。
2. 学习径向切槽循环指令 G75 的编程特点。
3. 认识切槽的刀具及其特点。

三、技能目标

1. 了解切槽的工艺。
2. 掌握切槽加工方法。

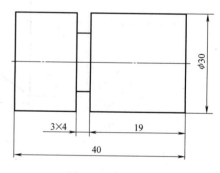

图 3-1　带槽零件

【知识链接】

一、切槽加工的基本知识

1. 槽的种类

根据其宽度不同，可以将槽分为窄槽和宽槽两种。

（1）窄槽　槽的宽度不大，切槽刀切削过程中不沿 Z 向移动就可以车出的槽。

（2）宽槽　槽的宽度大于切槽刀的宽度，切槽刀切槽过程中需要分几刀才能切出的槽。

2. 槽的加工方法

（1）窄而浅的槽的加工方法　加工窄而浅的槽一般用 G01 指令直进切削即可。当精度要求较高时，可在槽底用 G04 指令使刀具停留几秒钟，以光整槽底。

（2）窄而深的槽的加工方法　窄而深的槽的加工一般使用 G75 切槽循环指令。

（3）宽槽的加工方法 宽槽的加工一般也用 G75 切槽循环指令。

3. 刀具的选择及刀位点的确定

（1）切槽刀的选择。切槽刀一般有高速钢切槽刀、硬质合金切槽刀（焊接式及机械夹固式）、弹性切槽刀（带弹性刀盒）。实际使用中，可按零件材料及加工要求来选择。

（2）刀位点的确定切槽刀一般有三个刀位点，即左刀位点、右刀位点和中心刀位点。编程时可根据方便选择其中一个刀位点进行编程，一般选择左刀位点。

4. 切槽编程注意事项

1）为避免刀具与零件的碰撞，切完槽后退刀时应先沿 X 方向退刀到安全位置，然后再回换刀点。

2）车矩形外沟槽的切槽刀，安装时其主切削刃应与车床主轴轴线平行并等高。

3）在车矩形沟槽的过程中，如果切槽刀主切削刃宽度不等于设定的尺寸，加工后各槽宽尺寸将随刀宽尺寸的变化而变化。

4）切槽时，主切削刃宽度、主轴转速 n 和进给量 f 都不宜过大，否则刀具所受切削力过大，影响刀具寿命。一般主切削刃宽度为 3～5mm，$n = 300$～500r/min，$f = 0.04$～0.06mm/r。

二、切槽加工的编程方法

进给暂停指令 G04 的指令格式：

G04 X ___ ；

G04 P ___ ；

说明：X、P 为暂停时间。X 后面可用带小数点的数，单位为秒（s），如"G04 X2.5"表示前段程序执行完后，要经过 2.5s 的进给暂停，才能执行下面的程序段。P 后面的数值不允许有小数点，单位为毫秒（ms），如"G04 P2000"表示暂停 2s。

【任务实施】

一、确定切槽加工工艺

1. 分析零件图

先加工 $\phi 30$mm 的外圆，然后加工 3mm×4mm 的槽。

2. 确定加工工艺

该零件分 4 个工步完成：车端面→粗车 $\phi 30$mm 的外圆→精车 $\phi 30$mm 的外圆→切槽。

3. 选择装夹表面与夹具

装夹 $\phi 35$mm 棒料的外表面，使用自定心卡盘，棒料伸出卡盘长度为 50mm。

4. 选择刀具

1）1 号刀为 90°外圆车刀，加工外圆和端面。

2）2 号刀为切槽刀，切槽，选择左刀尖点作为刀位点，刀宽为 3mm。

5. 确定切削用量

切削用量见表 3-1。

表 3-1　切削用量

切削用量 工步	背吃刀量/mm	进给量/(mm/r)	主轴转速/(r/min)
车右端面		0.1	500
粗车 $\phi 30$mm 的外圆	1.5	0.3	550
精车 $\phi 30$mm 的外圆	0.5	0.1	800
切槽		0.05	400

6. 设定工件坐标系

选取工件右端面的中心点为工件坐标系原点。

二、编制数控加工程序

程序	注释
O0001;	程序名为 O0001
N05 G21 G99 G40;	米制单位,进给量为每转进给,取消刀具半径补偿
N10 T0101;	选用 1 号刀,调用 1 号刀的补偿值
N15 G97 M03 S500;	取消恒线速度切削,主轴正转,转速为 500r/min
N25 G00 X38 Z5;	刀具快速定位到安全位置点(38,5)
N30 G01 Z0 F0.25;	刀具直线插补到切端面起点(38,0),进给量为 0.25mm/r
N35 G01 X - 1 F0.1;	刀具直线插补到点(- 1,0),进给量为 0.1mm/r,车端面
N40 G00 Z2;	刀具快速移动到点(- 1,2),快速退刀
N45 X38;	刀具快速移动到粗车外圆的起始点(38,2)
N50 G71 U1.5 R1;	调用外径粗车循环指令,背吃刀量为 1.5mm,退刀量为 1mm
N55 G71 P60 Q70 U0.1 W0.1 F0.3 S550;	外径精加工余量为 0.1mm,端面精加工余量为 0.1mm,粗车进给量为 0.3mm/r
N60 G00 X30 F0.1 S800;	快速定位到点(30,2),精车进给量为 0.1mm/r,精车主轴转速为 800r/min
N65 G01 Z - 45 F0.1;	直线插补到点(30, - 45),进给量为 0.1mm/r,粗车外圆
N70 G00 X36;	刀具直线插补到点(36, - 45),垂直外圆表面退刀
N75 G70 P60 Q70;	精车循环指令,精车外轮廓至尺寸
N80 G00 X100 Z100;	快速退刀到安全位置(100,100)
N85 T0202;	换 2 号刀,刀宽为 3mm,调用 2 号刀补偿值
N90 G00 X34 Z - 22 S400;	快速移动到切槽起始点(34, - 22),主轴转速为 400r/min
N95 G01 X22 F0.05;	刀具直线插补到点(22, - 22),进给量为 0.05mm/r,切槽
N100 G04 X2(或 P2000);	槽底暂停 2s
N105 G00 X100;	刀具快速移动到点(100, - 22),垂直快速退刀
N110 Z100;	快速退回到换刀点(100,100)
N115 M05;	主轴停止转动
N120 M30;	程序结束

三、仿真加工

仿真加工的过程：

1）启动数控仿真软件。

2）选择机床与数控系统，本书主要采用 FANUC 0i 数控系统。

3）激活机床。

4）设置工件并安装。

5）选择刀具并安装。

仿真加工结果如图 3-2 所示。

【任务拓展】

用 G75 指令加工图 3-3 所示零件，毛坯为 $\phi55\text{mm} \times 100\text{mm}$ 棒料，材料为 45 钢。

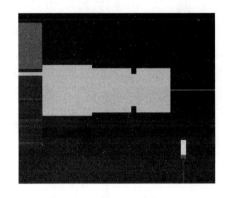

图 3-2　仿真加工结果

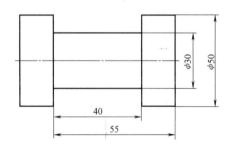

图 3-3　宽槽零件

一、确定切槽加工工艺

1. 分析零件图

外圆加工方法与上述方法相同，在这里不再分析。

2. 确定加工工艺

（1）确定工艺路线　该零件分 4 个工步完成：车右端面→粗车 $\phi50\text{mm}$ 外圆→精车 $\phi50\text{mm}$ 外圆→切槽。

（2）选择装夹表面与夹具　装夹 $\phi55\text{mm}$ 棒料的外表面，使用自定心卡盘，棒料伸出卡盘长度为 76mm。

3. 选择刀具

1）1 号刀为 90°偏刀，加工外圆和端面。

2）2 号刀为切槽刀，切槽，选择左刀尖点作为刀位点，刀宽为 4mm。

4. 确定切削用量

切削用量见表 3-2。

表 3-2　切削用量

切削用量 工步	背吃刀量/mm	进给量/(mm/r)	主轴转速/(r/min)
车右端面		0.1	500
粗车 φ50mm 的外圆	1.5	0.25	500
精车 φ50mm 的外圆	0.5	0.1	800
切槽		0.05	400

5. 设定工件坐标系

选取工件右端面的中心点为工件坐标系原点。

6. 计算基点的坐标值

各基点坐标一目了然，此处略去计算。

二、编制数控加工程序

程序	注释
O0002;	程序名为 O0002
…	车外圆的所有程序与任务实施中车外圆的程序类似，这里不再赘述。只详细列出用 G75 指令加工宽槽的程序段
N1 T0202;	调用 2 号刀，调用 2 号刀的补偿值
N2 G00 X55 Z-55 S400;	快速移动到切槽的起始点(55，-55)，主轴转速为 400r/min
N3 G75 R0.5;	套用 G75 径向切削循环指令
N4 G75 X30 Z-19 P1000 Q3500 R0 F0.05;	切至槽终点(30，-19)，用左刀位点，故加一个刀宽值
N5 G00 X100;	快速退刀到点(100，-55)，垂直快速退刀
N6 Z100;	快速退回到换刀点(100，100)
N7 M05;	主轴停止转动
N8 M30;	程序结束

三、仿真加工

仿真加工的过程：

1）启动软件。

2）选择机床与数控系统。本教材主要采用 FANUC 0i 数控系统。

3）设置工件并安装。

4）选择刀具并安装。

仿真加工结果如图 3-4 所示。

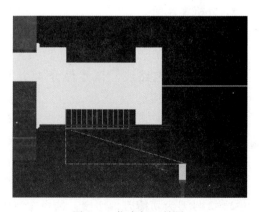

图 3-4　仿真加工结果

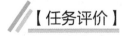【任务评价】

任务评价项目见表 3-3。

表 3-3 任务评价项目

项目	技术要求		配分	得分
程序编制（45%）	刀具卡		5 分	
	工序卡		10 分	
	编制程序		30 分	
仿真操作（40%）	基本操作		10 分	
	新技能	对刀操作	15 分	
	仿真图形及尺寸		10 分	
	规定时间内完成		5 分	
职业能力（15%）	学习能力		10 分	
	表达沟通能力		5 分	
总计				

任务二 切断

【任务目标】

一、任务描述

加工完成图 3-3 所示零件后，切断。

二、知识目标

1. 了解轴类零件的工艺要求。
2. 学习零件切断加工的工艺内容。
3. 学习 G00、G01 指令在切断加工中的应用。

三、技能目标

具有根据图形要求编制合理切断程序并完成零件切断的技能。

【知识链接】

切断加工时应注意的问题：

1）切断工件时需注意所使用的切断刀刀头要足够长，而且安装刀具时必须保证刀体与工件回转中心线垂直。

2）切断刀安装时刀位点须与工件回转中心线等高，或高或低都会损坏刀具，造成安全事故，需特别注意）。

3）切断加工时必须合理选择主轴转速与进给量。

4）切断较大工件时，不能将工件直接切断，以防发生事故。

【任务实施】

一、确定切断加工工艺

1. 分析零件图

1）零件的外轮廓和切槽部分在这里不再讲述。

2）工件总长为70mm，切断时必须保证总长要求。

2. 确定加工工艺

（1）确定工艺路线 该零件分5个工步完成：车右端面→粗车外圆→精车外圆→切槽→切断。

（2）选择装夹表面与夹具 装夹 ϕ55mm棒料的外表面，使用自定心卡盘，棒料伸出卡盘长度为76mm。

3. 选择刀具

3号刀为切断刀，用于加工完成后切断，选择左刀尖点作为刀位点，刀宽为4mm。

4. 确定切削用量

切断时的切削用量见表3-4。

表3-4 切断时的切削用量

工步 切削用量	背吃刀量/mm	进给量/(mm/r)	主轴转速/(r/min)
切断		0.1	400

5. 设定工件坐标系

选取工件右端面的中心点为工件坐标系原点。

二、编制数控加工程序

程序	注释
O0003；	程序名为O0003切槽程序
…	车外轮廓和切槽程序在前面已讲述,在这里不再赘述
N7 T0303；	换3号切断刀,调用3号刀的补偿值
N8 G00 X57 Z－74 S400；	刀具快速移动到切断点(57,－74),主轴转速为400r/min
N9 G01 X－1 F0.1；	直线插补到点(－1,－74),进给量为0.1mm/r,切断工件
N10 G00 X100；	刀具快速移动到点(100,－74),垂直快速退刀
N11 Z100；	快速退回到换刀点(100,100)
N12 M05；	主轴停止转动
N13 M30；	程序结束

三、仿真加工

仿真加工的过程：

1）启动软件。

2）选择机床与数控系统，本书主要采用 FANUC 0i 数控系统。

3）激活机床。

4）设置工件并安装。

5）选择刀具并安装。

切断仿真加工结果如图 3-5 所示。

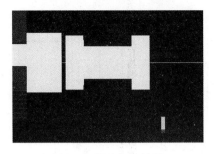

图 3-5　仿真加工结果

【任务评价】

任务评价项目见表 3-5。

表 3-5　任务评价项目

项目	技术要求		配分	得分
程序编制（45%）	刀具卡		5 分	
	工序卡		10 分	
	编制程序		30 分	
仿真操作（40%）	基本操作		10 分	
	新技能	对刀操作	15 分	
	仿真图形及尺寸		10 分	
	规定时间内完成		5 分	
职业能力（15%）	学习能力		10 分	
	表达沟通能力		5 分	
总计				

思 考 与 练 习

1. 切槽刀和切断刀在选用时有什么区别？

2. 切槽刀与切断刀在安装时有哪些注意事项？

3. 用 G75 指令进行切宽槽编程时需注意哪些问题？

4. 请在 FANUC 数控车床上对图 3-6 所示的零件进行切槽编程，材料为 45 钢，毛坯尺寸为 $\phi55mm \times 70mm$。

1）切槽，使用宽为 4mm 的切槽刀。

2）未注倒角按 C1 倒角。

5. 请在 FANUC 数控车床上对图 3-7 所示的复杂零件进行切槽与切断编程，材料为 45 钢，毛坯尺寸为 $\phi55mm \times 100mm$。

1）切槽，使用宽为 4mm 的切槽刀。

2）切断刀应选择合理的刀宽与切削刃长度。

3）编程时需要考虑工件装夹定位位置，以确定编程尺寸。

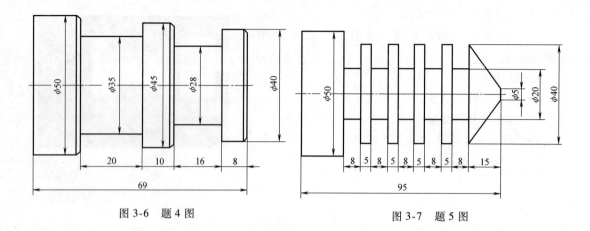

图 3-6　题 4 图　　　　　　　图 3-7　题 5 图

模块四　螄纹的加工

【任务目标】

一、任务描述

图 4-1 所示的定位螄栓是一个典型的外螄纹零件，加工完成零件上的螄纹。已知毛坯为 $\phi40\text{mm}$ 的棒料，材料为 45 钢。

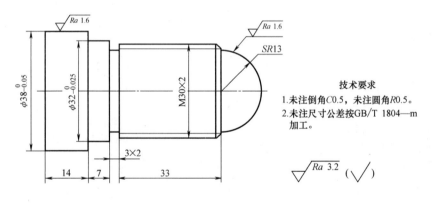

技术要求

1. 未注倒角C0.5，未注圆角R0.5。
2. 未注尺寸公差按GB/T 1804—m 加工。

图 4-1　定位螄栓

二、知识目标

1. 学习螄纹指令及其编程特点。
2. 学习 G32、G92 指令编程方法及其应用。
3. 了解外螄纹加工所采用的刀具的特点。
4. 了解外螄纹的加工特点。

三、技能目标

1. 掌握外螄纹加工的工艺及工艺参数的选择。

2. 掌握外螺纹的加工方法。

【知识链接】

1. 螺纹加工工艺

车削螺纹是数控车床常见的加工任务。螺纹种类按标准分为米制螺纹和寸制螺纹；按用途可分为连接螺纹、紧固螺纹、传动螺纹等；按牙型可分为三角形螺纹、矩形螺纹、梯形螺纹等；按连接形式分为外螺纹和内螺纹。各种螺纹又都有左旋、右旋以及单线、多线之分。其中，以米制三角形螺纹应用最广，称为普通螺纹。螺纹加工是由刀具的直线运动和主轴按预先输入的比例转速同时运动而形成的。车削螺纹使用的刀具是成形刀具，螺距和尺寸精度受机床精度影响，牙型精度由刀具几何精度保证。

螺纹车削通常需要多次进刀才能完成。由于螺纹刀具是成形刀具，所以其切削刃与工作接触线较长，切削力较大。切削力过大会损坏刀具或在切削中引起振颤，在这种情况下为避免切削力过大可采用侧向切入法，又称为斜进法，如图 4-2a 所示。一般情况下，当螺距小于 3mm 时可采用径向切入法，又称为直进法，如图 4-2b 所示。

斜进法与直进法在数控车床编程系统中一般有相应的指令，有些数控系统也可根据螺距的大小自动选择。车削圆柱螺纹时进刀方向应垂直于主轴轴线。

用直进法车削螺纹时，刀具两侧刃同时参与切削，切削力较大，而且排屑困难，因此两切削刃容易磨损，加工过程中要经常测量和检验。此外，用直进法车削螺距较大的螺纹时，由于切削深度较深，两切削刃磨损较快，容易造成螺纹中径产生偏差。但是，直进法加工牙型精度高，因此一般多用于小螺距螺纹加工。

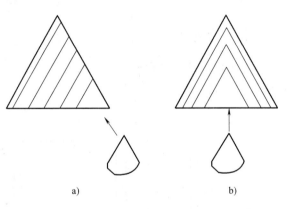

图 4-2　螺纹加工进刀方法
a）斜进法　b）直进法

用斜进法车削时，刀具单侧刃参与切削，因此参与切削的侧刃容易磨损和损伤，使加工螺纹面不直，刀尖角发生变化，造成牙型精度较差。但是，由于采用斜进法切削时，刀具切削负载较小，排屑容易，并且切削深度为递减式，因此斜进法一般用于大螺距螺纹加工。另外，由于斜进法排屑容易、切削刃加工工况较好，更适于螺纹精度要求不高的情况。在加工较高精度的螺纹时，可采用两刀加工完成，即先用斜进法进行粗车，然后用直进法进行精车。采用这种加工方法时应注意刀具起始点要准确，否则加工的螺纹容易乱扣，造成零件报废。另外，由于斜进法车削时切削力较小，故其常用于加工不锈钢等难加工材料的螺纹。

由于车削螺纹时的切削力大，容易引起工件弯曲，因此，工件上的螺纹一般都是在半精车后车削的。螺纹车削完后，再精车各段外圆。

2. 螺纹加工编程指令

表 4-1 列出一些常用 FANUC 系统螺纹切削指令。

表 4-1　常用 FANUC 系统螺纹切削指令

指令	应用格式	主要工艺用途
等螺距螺纹切削 G32	G32 X（U）__ Z（W）__ F __；	圆柱螺纹、圆锥螺纹
变螺距螺纹切削 G34	G34 X（U）__ Z（W）__ F __ K __；	变螺距圆柱螺纹、圆锥螺纹
多线螺纹切削 G33	G33 X（U）__ Z（W）__ F __ P __；	多线螺纹、螺旋线
螺纹切削固定循环 G92	G92 X（U）__ Z（W）__ R __ F __；	圆柱螺纹、圆锥螺纹，可简化程序
螺纹切削复合循环 G76	G76 P mra Q Δd_{min} Rd G76 X（U）__ Z（W）__ Ri Pk QΔd Fl；	梯形螺纹、大螺距普通螺纹、蜗杆等

3. 外螺纹常用加工方法和刀具

（1）外螺纹加工方法　常见外螺纹加工方法见表 4-2。

表 4-2　常见外螺纹加工方法

右旋螺纹	左旋螺纹
右偏刀	左偏刀

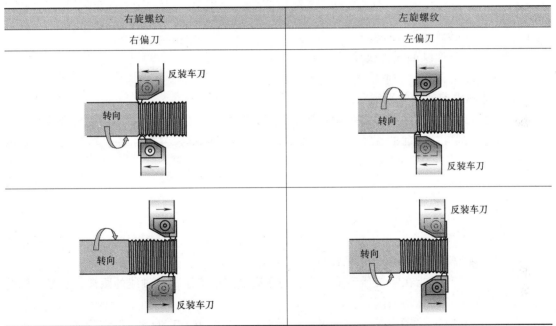

（2）外螺纹车刀与刀片　常见外螺纹车刀与刀片如图 4-3 和图 4-4 所示。

图 4-3　常见外螺纹车刀

图 4-4　螺纹车刀刀片

4. 车削螺纹时主轴转速的确定

数控车床上加工螺纹时，原则上只要能保证主轴每转一转时刀具沿进给轴（一般为 Z 轴）方向移动一个螺距即可，其传动链的改变不应受到限制。但实际在数控车床上车削螺纹时，螺纹螺距受以下几个方面的影响。

1）螺纹加工程序段中指令的螺距值，相当于用进给量 f 表示的进给速度 F，如果机床主轴转速选择过高，其换算后的进给速度 F 则必定大大超过正常值。

2）刀具在其整个位移过程中，都会受到伺服驱动系统升/降频率和数控装置插补运算速度的约束，由于升/降频特性满足不了加工需要等原因，则可能因主进给运动产生的超前和滞后而导致部分螺距不符合要求。

3）车削螺纹必须通过主轴的同步运行功能来实现，即车削螺纹需要有主轴脉冲发生器（编码器）。当主轴转速选择过高时，通过编码器发出定位脉冲（即主轴每转一周时所发生的一个基准脉冲信号）将可能因"过冲"（特别是当编码器的质量不稳定时），从而导致工作螺纹产生乱扣（俗称"烂牙"）。

鉴于上述原因，用不同的数控系统车削螺纹时推荐使用不同的主轴转速范围。对大多数普通型数控系统，推荐车削螺纹时的主轴转速为

$$n \leqslant \frac{1200}{P} - k \qquad (4-1)$$

式中　n——主轴转速（r/mm）；

　　　P——工件螺纹的螺距或导程（mm）；

　　　k——保险系数，一般取 80。

5. 车外螺纹前外径的确定

车普通外螺纹时，因车刀切削时的挤压作用，螺纹大径会增大，在车削塑性金属时尤为明显，所以车削外螺纹前的外径 d_0 应比外螺纹大径 d 的基本尺寸略小些。车削普通外螺纹前的外径可用式（4-2）近似计算

$$d_0 \approx d - 0.1P \qquad (4-2)$$

式中　d_0——车外螺纹前的外径（mm）；

　　　d——外螺纹的大径（mm）；

　　　P——螺距（mm）。

6. 螺纹牙型高度（螺纹总切削深度）的确定

螺纹牙型高度是指在螺纹牙型上，牙顶到牙底之间垂直于螺纹轴线的距离，它是车削螺纹时螺纹车刀刀片的总切入值。

根据 GB/T 192—2003 规定，普通螺纹的牙型理论高度 $H = 0.866P$，但实际加工时，由于螺纹车刀刀尖圆弧半径的影响，螺纹的实际切削深度会有所变化。GB/T 197—2003 规定螺纹车刀可在牙底最小削平高度 $H/8$ 处削平或倒圆，则螺纹实际牙型高度 h 可按式（4-3）计算

$$h = H - 2 \times \frac{H}{8} = 0.6495P \qquad (4-3)$$

式中　H——螺纹原始三角形高度（mm），$H = 0.866P$；

　　　P——螺距（mm）。

注意：在实际生产中螺纹总切削深度常根据公式 $h \approx 1.3P$（直径值）来计算。

7. 车削螺纹时轴向进给距离的确定

在数控车床上车削螺纹时，车刀沿螺纹方向（Z 向）的进给应与车床主轴的旋转保持严格的速比关系。考虑到车刀从停止状态到指定的进给速度或从指定的进给速度降至零时，数控车床进给伺服系统有一个很短的过渡过程，因此应避免在数控车床进给伺服系统加速或减速的过程中切削。沿轴向进给的加工路线长度，除保证加工螺纹长度外，还应增加

δ_1（2～5mm）的刀具引入距离和 δ_2（1～2mm）的刀具切出距离，如图 4-5 所示。这样在切削螺纹时，能保证在升速后使刀具接触工件，刀具离开工件后再降速。

8. 车削螺纹时应遵循的几个原则

1）在保证生产效率和正常切削的情况下，宜选择较低的主轴转速。

2）当螺纹加工程序段中的引入距离 δ_1 和切出距离 δ_2 比较充裕时，可选择适当高一些的主轴转速。

3）当编码器所规定的允许工作转速超过机床所规定主轴的最大转速时，则可选择尽量高一些的主轴转速。

4）通常情况下，车削螺纹时主轴转速应按其机床或数控系统说明书中规定的计算式进行确定。

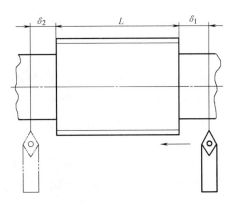

图 4-5　车螺纹时的刀具引入、切出距离

5）牙型较深、螺距较大时，可分数次进给，每次进给的背吃刀量用螺纹深度减去精加工背吃刀量所得之差按递减规律分配。

常用米制螺纹切削的进给次数与背吃刀量见表 4-3。

表 4-3　常用米制螺纹切削的进给次数与背吃刀量（双边）　（单位：mm）

螺距	1	1.5	2	2.5	3	3.5	4
牙型高度	0.649	0.974	1.299	1.624	1.949	2.273	2.598
背吃刀量和切削次数　1次	0.7	0.8	0.9	1.0	1.2	1.5	1.5
2次	0.4	0.6	0.6	0.7	0.7	0.7	0.8
3次	0.2	0.4	0.6	0.6	0.6	0.6	0.6
4次		0.16	0.4	0.4	0.4	0.6	0.6
5次			0.1	0.4	0.4	0.4	0.4
6次				0.15	0.4	0.4	0.4
7次					0.2	0.2	0.4
8次						0.15	0.3
9次							0.2

寸制螺纹切削的进给次数与背吃刀量见表 4-4。

表 4-4　寸制螺纹切削的进给次数与背吃刀量（双边）　（单位：in）

牙数（牙/in）	24	18	16	14	12	10	8
牙型高度	0.678	0.904	1.016	1.162	1.355	1.626	2.033
背吃刀量和切削次数　1次	0.8	0.8	0.8	0.8	0.9	1.0	1.2
2次	0.4	0.6	0.6	0.6	0.6	0.7	0.7
3次	0.16	0.3	0.5	0.5	0.6	0.6	0.6
4次		0.11	0.14	0.3	0.4	0.4	0.5
5次				0.13	0.21	0.4	0.5
6次						0.16	0.4
7次							0.17

【任务实施】

一、确定数控车削加工工艺

1. 分析零件图

如图 4-1 所示，这是一个由外圆柱面、圆弧面、槽及螺纹构成的轴类零件。ϕ38mm、ϕ32mm 外圆柱面及 SR13mm 圆弧面（球面）加工精度较高，螺纹精度要求一般，零件材料为 45 钢。考虑到装夹长度，毛坯尺寸为 ϕ40mm×100mm。

2. 确定加工工艺

（1）工艺路线　车削右端面→用复合循环粗车工件外轮廓面（余量为 0.5mm）→精车工件外轮廓面→切槽→车削 M30×2 螺纹→切断。

（2）装夹方式　使用自定心卡盘，棒料伸出卡盘长度为 80mm。

3. 选择刀具

选择 1 号刀为 90°外圆车刀，用于粗、精车削加工。选择 2 号刀为切断刀，刀宽 3mm，用于切槽、切断等切削加工。选择 3 号刀为 60°外螺纹车刀，用于螺纹车削加工，详见表 4-5。

表 4-5　刀具及其规格

序号	刀具号	刀具补偿号	刀尖圆弧半径/mm	刀具类型	备注
1	T01	01	0.4	90°外圆车刀	
2	T02	02	0.2	刀宽 3mm 的切断刀	有效长度 20mm
3	T03	03	0.4	60°外螺纹车刀	$P=2$mm

4. 选择切削用量

考虑加工精度要求并兼顾提高刀具寿命、机床寿命等因素。确定切削用量见表 4-6。

表 4-6　切削用量

工步 \ 切削用量	背吃刀量/mm	进给量/(mm/r)	主轴转速/(r/min)
车削右端面		0.15	500
粗车工件外轮廓面	2	0.3	600
精车工件外轮廓面	0.5	0.1	800
切槽		0.1	500
车削 M30×2 螺纹		2	500
切断		0.1	600

5. 确定编程坐标系及编程指令

编程坐标系原点定为工件右端面中心，分别使用 G32、G92 指令编制加工程序。

二、编制数控加工程序

1. 使用 G32 指令编写螺纹加工程序

程序	注释
O4001；	程序名为 O4001
T0303；	选用 3 号 60°外螺纹车刀
G99 M03 S500；	每转进给,主轴正转,转速为 500r/min
G00 X40.0 Z5.0；	快速接近工件
X29.1；	第一次切入 0.9mm
G32 Z－47.0 F2.0；	螺纹车削
G00 X40.0；	X 向快速退刀
Z5.0；	Z 向快速退回起刀点
X28.5；	第二次切入 0.6mm
G32 Z－47.0 F2.0；	螺纹车削
G00 X40.0；	X 向快速退刀
Z5.0；	Z 向快速退回起刀点
X27.9；	第三次切入 0.6mm
G32 Z－47.0 F2.0；	螺纹车削
G00 X40.0；	X 向快速退刀
Z5.0；	Z 向快速退回起刀点
X27.5；	第四次切入 0.4mm
G32 Z－47.0 F2.0；	螺纹车削
G00 X40.0；	X 向快速退刀
Z5.0；	Z 向快速退回起刀点
X27.4；	第五次切入 0.1mm
G32 Z－47.0 F2.0；	螺纹车削
G00 X40.0；	X 向快速退刀
G00 X100.0 Z100.0；	快速返回换刀点
M05；	主轴停转
M30；	程序结束

2. 使用 G92 指令编写螺纹加工程序

程序	注释
O4002；	程序名为 O4002
T0303；	选用 3 号 60°外螺纹车刀
G99 M03 S500；	每转进给,主轴正转,转速为 500r/min
G00 X40.0 Z5.0；	快速接近工件
G92 X29.1 Z－47.0 F2.0；	螺纹车削第一刀,切入 0.9mm
X28.5；	第二次切入 0.6mm

（续）

程序	注释
X27.9；	第三次切入 0.6mm
X27.5；	第四次切入 0.4mm
X27.4；	第五次切入 0.1mm
G00 X100.0 Z100.0；	快速返回换刀点
M05；	主轴停转
M30；	程序结束

三、仿真加工

仿真加工的过程：

1）启动软件。

2）选择机床与数控系统，选择 FANUC 0i 数控车床。

3）激活机床。

4）设置工件并安装，毛坯尺寸为 ϕ40mm × 100mm，外伸长度为 80mm。

5）选择刀具并安装，刀具参照表 4-5。

6）对刀（使用刀具偏置直接输入设置工件坐标系）。

7）导入数控程序文件。

8）自动加工。

9）测量尺寸。

定位螺栓数控仿真加工结果如图 4-6 所示。

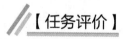【任务评价】

定位螺栓数控车削零件检验及任务评价标准见表 4-7。

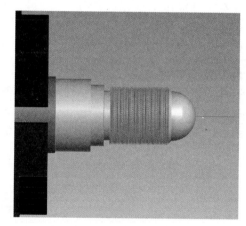

图 4-6　定位螺栓仿真加工结果

表 4-7　定位螺栓数控车削零件检验及任务评价标准

项目	技术要求	配分	评分标准	得分
工件质量 （45%）	尺寸精度符合要求	30 分	不合格每处扣 4 分	
	表面粗糙度符合要求	15 分	不合格每处扣 3 分	
程序与工艺 （35%）	程序格式规范	5 分	不规范每处扣 2 分	
	螺纹加工程序正确	15 分	出错每处扣 5 分	
	切削用量参数正确	5 分	不合理每处扣 2 分	
	刀具的选择正确	5 分	不正确全扣	
	精度测量与误差分析正确	5 分	出错每次扣 2 分	
机床操作 （15%）	机床操作正确规范	10 分	出错每次扣 2~5 分	
	对刀正确	5 分	不正确全扣	

（续）

项目	技术要求	配分	评分标准	得分
文明生产	安全操作	倒扣	出错每次扣2~10分	
	工作场所整理		不合格每次扣2~10分	
相关知识及职业能力（5%）	协作能力	5分	教师根据学生表现酌情给0~5分	
	创新能力			
总计				

任务二 内螺纹的加工

【任务目标】

一、任务描述

图4-7所示为轴接头零件，编制该零件右端螺纹的加工程序。已知毛坯为 $\phi60mm \times 100mm$ 的棒料，材料为45钢。

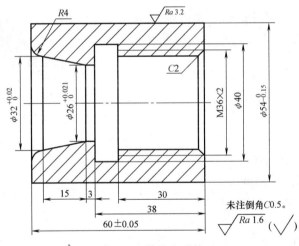

图4-7 轴接头零件

二、知识目标

1. 巩固螺纹指令的编程。
2. 掌握内螺纹的编程特点。

三、技能目标

掌握内螺纹加工工艺及工艺参数的选择。

【知识链接】

1. 内螺纹常用加工方法和刀具

（1）内螺纹加工方法 常见内螺纹加工方法见表4-8。

表 4-8　常见内螺纹加工方法

右旋螺纹	左旋螺纹
右偏刀	左偏刀
转向	转向
转向	转向

（2）内螺纹车刀　常见内螺纹车刀如图 4-8 所示。

2. 车内螺纹前孔径的确定

车普通内螺纹时，因车刀切削时挤压作用，内孔直径（螺纹小径）会缩小，在车削塑性金属时尤为明显，所以车削内螺纹前的孔径 D_0 应比内螺纹小径 D_1 的基本尺寸略大些。车削普通内螺纹前的孔径可用式（4-4）和式（4-5）近似计算。

车削塑性金属的内螺纹时

$$D_0 \approx D - P \qquad (4-4)$$

车削脆性金属的内螺纹时

$$D_0 \approx D - 1.05P \qquad (4-5)$$

式中　D_0——车削内螺纹前的孔径（mm）；

　　　D——内螺纹大径（mm）；

　　　P——螺距（mm）。

图 4-8　常见内螺纹车刀

3. 切削液的选用

螺纹加工一般为粗、精加工同时完成，要求精度较高，选用合适的切削液能够进一步提高加工质量，尤其对于一些特殊材料的加工，切削液的作用更加明显。根据不同的工件材料，切削液的选用见表 4-9。

表 4-9　螺纹加工中切削液的选用

工件材料	碳钢、合金钢	不锈钢及耐热钢	铸铁与黄铜	青铜	铝及铝合金
切削液的选用	1. 硫化乳化液 2. 氧化煤油 3. 煤油 75%，油酸或者植物油 25% 4. 液压油 70%，氯化石蜡 30%	1. 氧化煤油 2. 硫化切削油 3. 煤油 60%，松节油 20%，油酸 20% 4. 硫化油 60%，煤油 25%，油酸 15% 5. 四氯化碳 90%，猪油或菜油 10%	1. 一般不用 2. 煤油（用于铸铁）或菜油（用于黄铜）	1. 一般不用 2. 菜油	1. 硫化油 30%，煤油 15%，2 号或 3 号锭子油 55% 2. 硫化油 30%，油酸 30%，2 号或 3 号锭子油 25%

注：切削液的配比均为质量分数。

4. 螺纹加工常见质量问题及消除

螺纹加工中经常遇到的质量问题有很多种，问题现象及其产生的原因和可以采取的措施见表 4-10。

表 4-10　螺纹加工质量分析

问题现象	产品原因	预防和消除措施
切削过程出现振动	1. 工件装夹不正确 2. 刀具安装不正确 3. 切削参数不正确	1. 检查工件安装,增加安装刚度 2. 调整刀具安装位置 3. 提高或降低切削速度
螺纹牙顶呈刀口状	1. 刀具角度选择错误 2. 螺纹外径尺寸过大 3. 螺纹切削过深	1. 选择正确的刀具 2. 检查并选择合适的工件外径尺寸 3. 减小螺纹切削深度
螺纹牙型过平	1. 刀具中心错误 2. 螺纹切削深度不够 3. 刀具牙型角过小 4. 螺纹外径尺寸过小	1. 选择合适的刀具并调整刀具中心的高度 2. 计算并增加切削深度 3. 更换合适的刀具 4. 检查并选择合适的工件外径尺寸
螺纹牙型底部圆弧过大	1. 刀具选择错误 2. 刀具磨损严重	1. 选择正确的刀具 2. 重新刃磨或更换刀片
螺纹牙型底部过宽	1. 刀具选择错误 2. 刀具磨损严重 3. 螺纹有乱扣现象 4. 主轴脉冲编码器工作不正常 5. Z 轴间隙过大	1. 选择正确的刀具 2. 重新刃磨或更换刀片 3. 检查加工程序中有无导致乱扣的原因 4. 检查主轴脉冲编码器是否松动、损坏 5. 检查 Z 轴丝杠是否有窜动现象
螺纹牙型半角不正确	刀具安装角度不正确	调整刀具安装角度

（续）

问题现象	产品原因	预防和消除措施
螺纹表面质量差	1. 切削速度过低 2. 刀具中心过高 3. 切削控制较差 4. 刀尖产生积屑瘤 5. 切削液选用不合理	1. 调高主轴转速 2. 调整刀具中心高度 3. 选择合理的进刀方式及切削深度 4. 调整切削用量,使用切削液 5. 选择合适的切削液并充分喷注
存在螺距误差	1. 伺服系统滞后效应 2. 加工程序不正确	1. 增加螺纹切削升降速段的长度 2. 检查、修改加工程序

【任务实施】

一、确定数控车削加工工艺

1. 分析零件图

如图 4-7 所示,轴接头主要由内圆弧面、内圆柱面、内圆锥面、内槽及内螺纹等构成。内圆柱面、内圆锥面及内螺纹精度要求较高,内槽及外圆柱精度要求较低,但仍须保证一定的表面粗糙度值。材料为 45 钢,毛坯尺寸为 $\phi60mm \times 100mm$。

2. 确定加工工艺

（1）确定工艺路线　车削左端面 1→手动钻中心孔→手动钻孔 $\phi24mm$→粗车外圆 $\phi54mm$→精车外圆 $\phi54mm$→用复合循环粗车内轮廓面 1→精车内轮廓面 1→切断→调头装夹→车削右端面→粗车内轮廓面 2→精车内轮廓面 2→车内槽→车 $M36 \times 2$ 螺纹。

（2）确定装夹方式　采用自定心卡盘装夹。第一次装夹毛坯伸出长度为 70mm,调头装夹时毛坯伸出长度为 30mm。

3. 选择刀具

轴接头的加工刀具选择见表 4-11。

表 4-11　刀具及其规格

序号	刀具号	刀具补偿号	刀尖圆弧半径/mm	刀具类型	备注
1	T01	01	0.4	90°外圆车刀	
2	T02	02	0.4	内孔车刀	
3	T03	03	0.2	刀宽 4mm 的切断刀	有效长度 20mm
4	T04	04	0.2	内切槽刀	
5	T05	05	0.4	内螺纹车刀	
6				A3 中心钻	用于手动钻孔
7				$\phi24mm$ 麻花钻	用于手动钻孔

4. 选择切削用量

考虑加工精度要求并兼顾提高刀具寿命、机床寿命等因素,确定切削用量见表 4-12。

表 4-12　切削用量

工步内容 ＼ 切削用量	背吃刀量/mm	进给量/(mm/r)	主轴转速/(r/min)
车削右端面		0.15	500
手动钻中心孔			600
钻孔 $\phi24mm$			350
粗车外圆 $\phi54mm$	2	0.3	600
精车外圆 $\phi54mm$	0.5	0.1	800
粗车工件内轮廓面	1	0.2	600
精车工件内轮廓面	0.5	0.1	800
切断		0.1	500
车内槽		0.05	500
车削 M36×2 内螺纹		2	500

5. 确定编程坐标系及编程指令

编程坐标系原点定为工件右端面中心，应用 G92 指令编制加工程序。

二、编制数控加工程序

为了简化程序，这里使用 G92 指令编写螺纹加工程序。

程序	注释
O4003；	程序名为 O4003
T0505；	选用 5 号 60°内螺纹车刀
G99 M03 S500；	每转进给,主轴正转,转速为 500r/min
G00 X32.0 Z5.0；	快速接近工件
G92 X34.3 Z-34.0 F2.0；	螺纹车削第一刀，切入 0.9mm
X34.9；	第二次切入 0.6mm
X35.5；	第三次切入 0.6mm
X35.9；	第四次切入 0.4mm
X36.0；	第五次切入 0.1mm
G00 Z100.0；	快速返回换刀点
X100.0	
M05；	主轴停转
M30；	程序结束

三、仿真加工

仿真加工的过程：

1）启动软件。

2）选择机床与数控系统，选择 FANUC 0i 数控车床。

3）激活机床。

4）设置工件并安装，毛坯尺寸为 $\phi60mm \times 100mm$，外伸长度为 70mm。

5）选择刀具并安装，刀具参照表 4-11。

6）对刀（使用刀具偏置直接输入设置工件坐标系）。

7）导入数控程序文件。

8）自动加工工件左端及外圆柱面等，切断。

9）工件调头并安装，外伸长度为 30mm。

10）重新对刀（使用刀具偏置直接输入设置工件坐标系），只对 Z 轴。

11）导入数控程序文件。

12）自动加工右端及内螺纹等。

13）测量尺寸。

轴接头数控仿真加工结果如图 4-9 和图 4-10 所示。

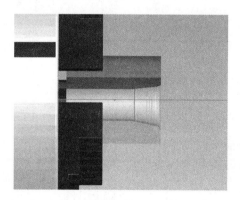

图 4-9　轴接头左端仿真加工结果

图 4-10　调头加工右端内螺纹仿真结果

【任务评价】

轴接头零件检验及任务评价标准见表 4-13。

表 4-13　轴接头零件检验及任务评价标准

项目	技术要求	配分	评分标准	得分
工件质量 （45%）	尺寸精度符合要求	30 分	不合格每处扣 4 分	
	表面粗糙度符合要求	15 分	不合格每处扣 3 分	
程序与工艺 （35%）	程序格式规范	5 分	不规范每处扣 2 分	
	螺纹加工程序正确	15 分	出错每处扣 5 分	
	切削用量参数正确	5 分	不合理每处扣 2 分	
	刀具的选择正确	5 分	不正确全扣	
	精度测量与误差分析正确	5 分	出错每次扣 2 分	
机床操作 （15%）	机床操作正确规范	10 分	出错每次扣 2 ~ 5 分	
	对刀正确	5 分	不正确全扣	
文明生产	安全操作	倒扣	出错每次扣 2 ~ 10 分	
	工作场所整理		不合格每次扣 2 ~ 10 分	

（续）

项目	技术要求	配分	评分标准	得分
相关知识及 职业能力（5%）	协作能力	5	教师根据学生表现酌情给 0~5 分	
	创新能力			
总计				

思 考 与 练 习

1. 常见车螺纹的进刀方式有哪些？

2. 螺纹车削时为什么有刀具引入距离和切出距离？

3. 常见螺纹加工的缺陷有哪些？

4. 说明螺纹切削固定循环 G92 指令的格式。

5. 编制图 4-11 所示零件的螺纹加工程序。

6. 选择图 4-12 所示零件加工所需的刀具，并编制数控加工程序。

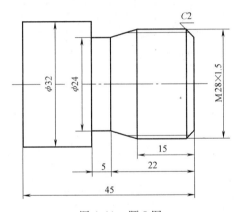

图 4-11 题 5 图

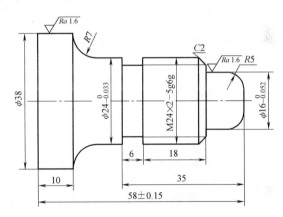

图 4-12 题 6 图

模块五 盘套类零件加工

【任务目标】

一、任务描述

已知毛坯为 $\phi98mm \times 70mm$ 的棒料，加工图 5-1 所示的带孔圆盘，材料为 45 钢。

二、知识目标

1. 学习 G94、G72 指令及其编程特点。
2. 学会识别盘类零件。
3. 学会选择盘类零件加工所需的夹具和刀具。

三、技能要求

1. 熟练掌握使用 G94、G72 指令编程。
2. 学会分析盘类零件的加工工艺。
3. 会选用相关的量具进行测量。

图 5-1 带孔圆盘

【知识链接】

1. 学习 G94、G72 指令

（1）端面切削循环指令 G94

指令格式：G94 X（U）__ Z（W）__ R __ F __；

指令功能：实现端面切削循环和带锥度的端面切削循环。

刀具从循环起点开始，按图 5-2 与图 5-3 所示走刀路线切削加工，最后返回到循环起点，图中虚线表示快速移动，实线表示按 F 指定的进给速度移动。

指令说明：

① X、Z 表示端面切削终点坐标值。

② U、W 表示端面切削终点相对循环起点的坐标分量。

③ R 表示端面切削始点至切削终点位移在 Z 轴方向的坐标增量，端面切削循环时 R 为零，可省略。

④ F 表示进给速度。

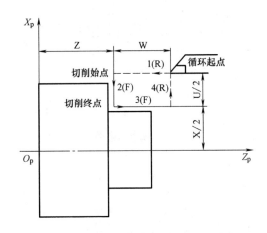

图 5-2 端面切削循环

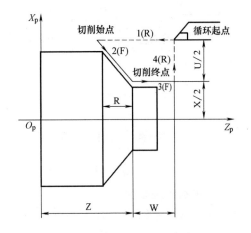

图 5-3 带锥度的端面切削循环

（2）端面粗车复合循环指令 G72

指令格式：G72 WΔd Re；

G72 Pns Qnf UΔu WΔw Ff Ss Tt；

指令功能：除切削是沿平行于 X 轴方向进行外，该指令功能与 G71 指令相同。

指令说明：

① Δd 表示每次切削深度（半径值），无正负号。

② e 表示退刀量（半径值），无正负号。

③ ns 表示精加工路线第一个程序段的顺序号。

④ nf 表示精加工路线最后一个程序段的顺序号。

⑤ Δu 表示 X 方向的精加工余量，直径值。

⑥ Δw 表示 Z 方向的精加工余量。

⑦ f、s、t 表示粗车复合循环的进给速度、主轴转速及刀具。

G72 指令刀具循环路径如图 5-4 所示。

【例】 如图 5-5 所示，运用端面粗车复合循环指令编程。程序如下：

N010 G50 X150 Z100；

N020 G00 X41 Z1；

N030 G72 W1 R1；

N040 G72 P50 Q80、U0.1 W0.2 F100；

N050 G00 X41 Z-31；

N060 G01 X20 Z-20；

N070 Z-2；

N080 X14 Z1；

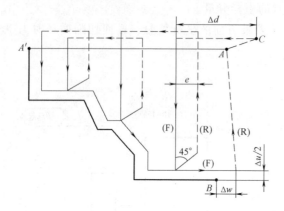

图 5-4 端面粗加工循环

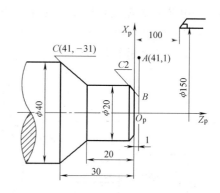

图 5-5 端面切削循环指令应用

N090 G70 P50 Q80 F30;

2. 识别盘类零件

（1）盘类零件的功用及结构特点 盘类零件在机器中主要起支承、连接作用，它主要由端面、外圆、内孔等组成，一般零件直径大于其轴向尺寸，如齿轮、带轮、端盖（图5-6b）、法兰盘（图5-6a）、轴承盖（图5-6c）、模具、联轴器、套环、轴承环、螺母、垫圈等。

盘类零件一般用于传递动力、改变速度、转换方向，起支承、轴向定位或密封等作用。零件上常有轴孔；常设计有凸缘、凸台或凹坑等结构；还常有较多的螺纹孔、光孔、沉孔、销孔或键槽等结构；有些盘类零件还有轮辐、辐板、肋板以及用于防漏的油沟和毡圈槽等密封结构。

a)

b)

c)

图 5-6 盘类零件
a）端盖 b）法兰盘 c）轴承盖

（2）技术要求 盘类零件的支承用端面往往有较高平面度要求、轴向尺寸精度及两端面平行度要求，其起转接作用的内孔等一般有与平面的垂直度要求，外圆和内孔间有同轴度要求等。

（3）盘类零件的材料与毛坯 盘类零件常采用钢、铸铁、青铜或黄铜制成。孔径小的盘一般选择热轧或冷拔棒料，也可根据不同的材料选择实心铸件；孔径较大时，可加工预制孔。若生产批量较大，可选择冷挤压等先进毛坯制造工艺，既提高生产率，又节约材料。

（4）盘类零件的定位基准和装夹方法

1）基准选择原则。

①以端面为主（如支承块），其零件加工中的主要定位基准为平面。

②以内孔为主，同时辅以端面的配合。

③以外圆为主（较少），往往也需要端面的辅助配合。

2）装夹方案。

①用自定心卡盘装夹。用自定心卡盘装夹外圆时，为定位稳定可靠，常采用反爪装夹（限制工件除绕轴转动外的5个自由度）；装夹内孔时，以卡盘的离心力作用完成工件的定位、夹紧（亦限制了工件除绕轴转动外的5个自由度）。

②用专用夹具装夹。以外圆作为径向定位基准时，可以定位环作为定位件；以内孔作为径向定位基准时，可用定位销（轴）作为定位件。根据零件构形特征及加工部位、要求，选择径向夹紧或端面夹紧。

③用平口钳装夹。生产批量小或单件生产时，可采用平口钳装夹，如支承块上侧面、十字槽加工。

（5）盘类零件的加工要求及工艺性 盘类零件中间部位的孔一般在车床上加工，这样既便于工件装夹，又便于在一次装夹中精加工孔、端面和外圆，以保证位置精度。

盘类零件上回转面的粗、半精加工仍以车为主，精加工则根据零件材料、加工要求、生产批量大小等因素选择磨削、精车、拉削或其他加工工艺。零件上非回转面的加工则根据表面形状选择恰当的加工方法，一般安排于零件的半精加工阶段。

【任务实施】

一、确定数控车削加工工艺

1. 确定编程原点

选择工件的右端面回转中心作为编程原点。

2. 确定工艺方案

1）以毛坯外圆面为装夹表面，车削端面。

2）在毛坯一端粗、精加工出工件外轮廓，保证外圆、圆弧尺寸。

3）内孔 ϕ55mm 尺寸在数控车削前已镗好。

4）直接用切断刀切断。

3. 选择刀具及切削用量（表5-1）

表5-1 刀具及切削用量选择

刀具名称	刀具号	刀补号	刀具规格	进给量/（mm/r）	主轴转速/（r/min）
粗车外圆车刀	T01	01	55°刀片	0.2	800
精车外圆车刀	T01	01	55°刀片	0.1	1000
切断刀	T02	02	刀宽4mm	0.05	350

二、编制数控加工程序

程　序	注　释
O4555；	程序名为 O4555
N05 G21 G99 G40；	坐标单位为米制单位，进给量为每转进给，取消刀具半径补偿
N10 G50 X100 Z100；	建立工件坐标系
N15 T0101；	调用 1 号刀，调用 01 号偏置，1 号刀为 90°外圆车刀
N20 G97 S800 M03；	主轴转速为 800r/min，主轴正转
N30 G94 X-1 Z0 F0.1；	车右端面
N40 G00 X100 Z2；	刀具快速移动到端面粗车循环的起始点
N60 G72 W2 R1；	采用端面粗车复合循环，并设置参数：每次切削深度为 2mm，退刀量为 1mm。
N70 G72 P80 Q110 U0.5 W0.5 F0.2；	N80～N110 为精车刀具轨迹，X 向精加工余量为 0.5mm，Z 向精加工余量为 0.5mm，进给量为 0.2mm/r
N80 G00 X100 Z0；	
N90 G01 X70 F0.1；	
N100 X83 Z-4；	
N110 X85 Z-5；	
N120 W-6；	零件粗加工刀具轨迹
N130 G03 X88 Z-18 R3；	
N140 G01 X95；	
N150 Z-35；	
N160 G70 P80 Q150；	精车零件，调用 N80～N150 程序段
N170 G00 X100 Z100；	刀具快速运动到点(100,100)，退刀
N190 M05；	主轴停止转动
N200 M30；	程序结束

三、仿真加工

1) 启动软件。

2) 选择机床与数控系统，本书主要采用 FANUC 0i 数控系统。

3) 激活机床。

4) 设置工件并安装。

5) 选择刀具并安装。

6) 试切法对刀（图 5-7）。此处用 G50 指令设定工件坐标系的对刀方法如下：

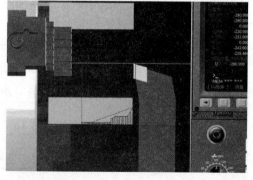

图 5-7　试切法对刀

① 用外圆车刀先试车一外圆，测量外圆直径后，使车刀沿 Z 轴正方向退刀，切端面到中心（X 轴坐标减去直径值）。

② 选择 MDI 方式，输入"G50 X0 Z0"，按循环启动键，把当前点设为零点。

③ 选择 MDI 方式，输入"G00 X150 Z150;"，使刀具离开工件进刀加工。

④ 这时程序开头为"G50 X150 Z150......"。

⑤ 注意：用"G50 X150 Z150"，刀具起点和终点必须一致，即（X150，Z150），这样才能保证重复加工不乱刀。

7）自动加工，如图 5-8 所示。

8）测量尺寸。圆盘仿真加工测量如图 5-9 所示。

图 5-8 自动加工

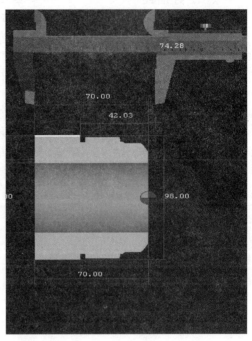

图 5-9 测量

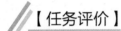【任务评价】

任务评价项目见表 5-2。

表 5-2 任务评价项目

项　　目	技术要求		配分	得分
程序编制（45%）	刀具卡		5 分	
	工序卡		10 分	
	编制程序		30 分	
仿真操作（40%）	基本操作		10 分	
	新技能	对刀操作	15 分	
	仿真图形及尺寸		10 分	
	规定时间内完成		5 分	
职业能力（15%）	学习能力		10 分	
	表达沟通能力		5 分	
总　计				

任务二　　套类零件的加工

【任务目标】

一、任务描述

已知毛坯为 $\phi 40mm \times 80mm$（内径 $\phi 16mm$）的棒料，加工图 5-10 所示的零件，材料为 45 钢。

二、知识目标

1. 巩固学习 G71、G74 指令及其编程特点。

2. 学会识别套类零件。

3. 学会选择加工内型腔所需的夹具和刀具。

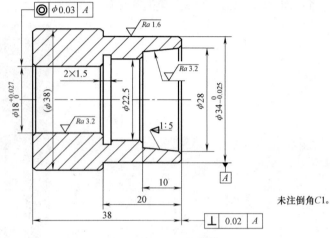

未注倒角 C1。

图 5-10　套类零件

三、技能要求

1. 熟练掌握使用 G71、G74 指令编程。

2. 学会分析、制订套类零件的加工工艺。

3. 会选用相关的量具进行测量。

【知识链接】

1. 学习 G71、G74 指令

（1）端面啄式钻孔循环指令 G74

指令格式：G74 R（Δe）；

G74 X(U)__ Z(W)__ P(Δi) Q(Δk) R(Δd) F(f)；

指令功能：如果省略 X(U) 及 P(Δi)、R(Δd)，结果只在 Z 轴操作，用于钻孔。

指令说明：

① Δe 表示退刀量，该参数为模态值。

② X 为 X 向终点绝对坐标值。

③ U 为 X 向终点增量坐标值。

④ Z 为最大切深点的 Z 向终点绝对坐标值。

⑤ W 为最大切深点的 Z 向终点增量坐标值。

⑥ Δi 为 X 方向间断切削长度（无正负）。

⑦ Δk 为 Z 方向间断切削长度（无正负）。

⑧ Δd 为切削至终点退刀量。

端面啄式钻孔循环指令 G74 刀具循环路径如图 5-11 所示。

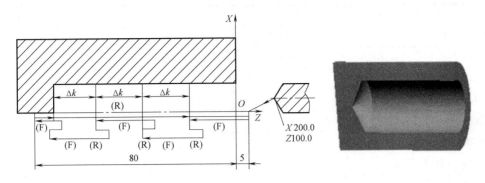

图 5-11　端面啄式钻孔循环路径

（2）加工案例 1　如图 5-12 所示，要在工件上钻 $\phi 10\text{mm}$、长 55mm 孔，使用 G74 指令钻孔的程序编写如下。

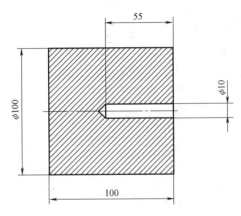

图 5-12　G74 指令加工案例

程　　　序	注　　　释
O2001；	程序名为 O2001
N05 G21 G99 G40；	坐标单位为米制单位，进给量为每转进给，取消刀尖圆弧半径补偿
N10 G50 X100 Z100；	建立工件坐标系
N15 T0101；	选用 1 号刀具，调用 1 号刀偏置值，此处因为用 G50 指令建立坐标系，故 1 号刀的偏置值应该为 0
N20 G97 S800 M03；	主轴转速为 800r/min，主轴正转
N25 G00 X0 Z2；	刀具快速移动到点（0，2）
N30 G74 R1；	调用端面啄式钻孔循环指令
N40 G74 Z-60 Q3000 F0.1 ；	钻孔到深度 60mm
N50 G00 X100 Z100；	刀具快速运动到点（100，100），退刀
N60 M05；	主轴停止转动
N70 M30	程序结束

（3）加工案例 2　如图 5-13 所示，运用 G71、G70 指令编写圆柱孔加工案例程序如下。

O4008;	程序名为 O4008
N10 M03 S500;	主轴正转,转速为 500r/min
N20 T0101;	选用 1 号刀具,调用 1 号刀偏置值
N30 G00 X20 Z2;	刀具快速移动到点(20,2)
N40 G71 U1.5 R1.0;	
N50 G71 P60 Q120 U−0.5 W0.1 F0.2;	
N60 G00 X29;	
N70 G01 Z0 F0.1;	
N80 X26 Z-1.5;	
N90 Z-15;	内轮廓加工程序
N100 X22;	
N110 Z-35;	
N120 X20;	
N130 G00 Z200;	Z 向快速退刀
N140 X200;	X 向快速退刀
N150 M05;	主轴停止
N160 M00;	程序暂停
N170 M03 S900;	主轴正转,转速为 900r/min
N180 T0101;	调用 1 号刀具
N190 G00 X20 Z2;	
N200 G70 P60 Q120	精加工内轮廓
N210 G00 Z200;	
N220 X200;	
N70 M30	程序结束

2. 孔加工刀具

（1）内孔车刀 内孔车刀可分通孔车刀和不通孔车刀两种。通孔车刀切削部的几何形状与外圆车刀相似,为减小径向切削抗力,防止车孔时振动,主偏角 κ_r 应取得大一些,一般为 60°～75°,副偏角 κ'_r 应为 15°～30°。

车孔也是常见的孔加工方法之一,即可用作粗加工,也可用作精加工;其关键技术是解决内孔车刀刚度和排屑问题,车孔加工的尺寸公差等级能达到 IT7～IT8,表面粗糙度值能达到 $Ra0.8～1.6\mu m$。

（2）钻头 主要用于在实心材料上钻孔,有时也用于扩孔。根据钻头构造及用途不同,钻头可分为麻花钻、扁平钻及深孔钻。钻孔加工的尺寸公差等级能

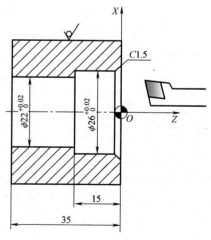

图 5-13　G71、G70 指令
圆柱孔加工案例

达到 IT11～IT12，表面粗糙度值能达到 $Ra2.5～12.5\mu m$。

（3）镗刀　主要用于扩孔及孔的粗、精加工。根据结构特点及用途不同，镗刀可分为单刃镗刀、多刃镗刀和浮动镗刀等。为保证镗孔时加工质量，镗刀应满足以下要求：

① 镗刀和镗刀杆要有足够的刚度。

② 镗刀在镗刀杆上既要夹持牢，又要装卸方便，便于调整。

③ 要有可靠的断屑和排屑措施。

（4）铰刀　主要用于中小型孔的半精加工和精加工，也常用于磨孔或研孔的预加工。铰刀的齿数多，导向性好，刚度好，加工余量小，工作平稳，铰孔加工的一般尺寸公差等级能达到 IT16～IT18，表面粗糙度值能达到 $Ra0.4～1.6\mu m$。

3. 套类零件的结构特征

套类零件一般由外圆，内孔，端面，台阶和内外沟槽等表面组成。其主要特点是内外圆柱面和相关端面间的形状、位置精度要求较高。通常内孔与转轴配合，起支承或导向作用；外圆表面一般是套类零件的支承定位表面，常以过盈配合或过渡配合与箱体或机架上的孔配合，使用时，主要承受径向力，有时也承受轴向力。常见套类零件如图 5-14 所示。

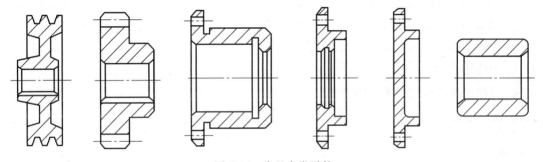

图 5-14　常见套类零件

（1）套类零件的主要技术要求。孔与外圆一般具有较高的同轴度要求；端面与孔轴线（也有外圆轴线的情况）有垂直度要求；内孔表面本身的尺寸精度、形状精度及表面粗糙度要求；外圆表面本身的尺寸、形状精度及表面粗糙度要求等。

内孔是套类零件起支承作用或导向作用的最主要表面，它通常与运动着的轴、刀具或活塞等相配合。内孔直径的尺寸公差等级一般为 IT7，精密轴套有时取 IT6，液压缸由于与其相配合的活塞上有密封圈，要求较低，一般取 IT9。

外圆表面一般是套类零件本身的支承面，常以过盈配合或过渡配合同箱体或机架上的孔连接。外径的尺寸公差等级通常为 IT6～IT7，也有一些套类零件外圆表面不需要加工。

（2）套类零件的材料与毛坯　套类零件常用材料是钢、铸铁、青铜或黄铜等。有些要求较高的滑动轴承，为节省贵重材料而采用双金属结构，即用离心铸造法在钢或铸铁套筒的内壁上浇注一层巴氏合金等材料，用来提高轴承寿命。

套类零件的毛坯主要根据零件材料、形状结构、尺寸大小及生产批量等因素来选择。孔径较小时（如 $d < 20mm$），可选热轧或冷拉棒料，也可采用实心铸件；孔径较大时，可选用带预制孔的铸件或锻件，壁厚较小且较均匀时，还可选用管料。当生产批量较大时，还可采用冷挤压和粉末冶金等先进毛坯制造工艺，可在提高毛坯精度的基础上提高生产率，节约用材。

（3）套类零件加工中的关键工艺问题

1）粗、精加工应分开进行。

2）尽量采用轴向压紧，如采用径向夹紧应使径向夹紧力均匀。

3）热处理工序应放在粗、精加工之间。

4）中小型套类零件的内外圆表面及端面，应尽量在一次装夹中加工出来。

5）在安排孔和外圆加工顺序时，应尽量采用先加工内孔，然后以内孔定位加工外圆的加工顺序。

【任务实施】

一、确定数控车削加工工艺

1. 编程原点的确定

选择工件的右端面回转中心作为编程原点。

2. 确定工艺方案

1）以毛坯外圆面为装夹面，车削端面。

2）在毛坯一端粗、精加工出工件外轮廓，保证外圆、圆弧尺寸。

3）直接用镗孔刀粗、精加工出工件内轮廓，保证内孔、圆弧尺寸。

4）用切断刀切断。

3. 选择刀具及切削用量（表5-3）

表5-3　刀具及切削用量选择

刀具名称	刀具号	刀补号	刀具规格	进给量/(mm/r)	主轴转速/(r/min)
粗车外圆车刀	T01	01	55°刀片	0.2	800
粗车内孔车刀	T03	03	60°刀片	0.1	400
精车内孔车刀	T03	03	60°刀片	0.05	600
内切槽刀	T04	04	刀宽2mm	0.3	300

二、编制数控加工程序

程　序	注　释
O0003;	程序名为O0003
N10 G21 G40 G97 G99;	
N20 M03 S800 T0101;	主轴正转,转速800r/min
N30 G00 X40 Z2;	快速进刀(40,2)位置
N40 G90 X34.5 Z19.8 F0.2;	粗车外圆至φ34.5mm,长19.8mm,进给量0.2mm/r
N50 G00 X100 Z150;	回换刀点
N60 T0303 S400;	换内孔车刀,主轴转速400r/min
N70 G00 X16 Z2;	快速进刀
N80 G71 U1 R0.5;	内轮廓加工
N90 G71 P100 Q170 U-0.5 W0.2 F0.1;	

（续）

程　序	注　释
N100 G00 X38	内轮廓加工
N110 G41G01 X28.4 Z2 C1 F0.08;	
N120 X26 Z-10;	
N130 X22.5 C1;	
N140 Z-20;	
N150 X18 C1;	
N160 Z-40;	
N170 G40 X16;	
N180 G00 X100 Z150;	刀具快速返回到换刀点
N190 M03 S800 T0101;	主轴正转,转速800r/min,选择外圆车刀
N200 G00 X26 Z2;	刀具快速定位至工件附近
N210 G01 Z0 F0.08;	Z 向进刀
N220 X34 C1;	车右端面并倒角
N230 Z-20;	车 ϕ34mm 外圆至长 20mm
N240 X36;	车台阶面至 ϕ36mm
N250 U6 W-3;	倒角
N260 G00 X100 Z150;	刀具快速返回到换刀点
N270 M03 S600 T0303;	主轴正转转速600r/min,选择内孔车刀
N280 G00 X16 Z2;	刀具快速定位至工件附近
N290 G70 P100 Q170 F0.05;	精车内表面
N300 G00 X100 Z150;	回换刀点,换4号刀,调4号刀补
N310 S300 T0404;	
N320 G00 X20 Z2;	
N330 G01 Z-20 F0.3;	进刀
N340 X-25.5;	车槽
N350 X20 F0.2;	退刀
N360 G00 Z100;	Z 向退刀
N370 X100;	X 向退刀
N380 M30;	程序结束

三、仿真加工

仿真加工过程：

1）启动软件。

2）选择机床与数控系统，本书主要采用 FANUC 0i 数控系统。

3）激活机床。

4）设置工件并安装。

5）选择刀具并安装。

6）试切法对刀。此处用 G50 指令设定工件坐标系的对刀方法如下：

① 用外圆车刀先试车一外圆，测量外圆直径后，把刀沿 Z 轴正方向退刀，切端面到中心（X 轴坐标减去直径值）。

② 注意内、外圆车刀的对刀区别。

7）自动加工。

8）测量尺寸。

套类零件的仿真加工结果如图 5-15 所示。

图 5-15 仿真加工结果

【任务评价】

任务评价项目见表 5-4。

表 5-4 任务评价项目

项　　目	技术要求		配分	得分
程序编制（45%）	刀具卡		5 分	
	工序卡		10 分	
	编制程序		30 分	
仿真操作（40%）	基本操作		10 分	
	新技能	对刀操作	15 分	
	仿真图形及尺寸		10 分	
	规定时间内完成		5 分	
职业能力（15%）	学习能力		10 分	
	表达沟通能力		5 分	
总计				

思 考 与 练 习

1. 常见盘类零件有哪些？

2. 盘类零件加工过程中有哪些注意事项？

3. 简述盘套类零件工艺特点。

4. 简要说明盘套类零件的三种定位基准。

5. 盘套类零件具有哪些结构特点？

6. 防止套类零件加工变形的工艺措施有哪些？

7. 试加工图 5-16 所示零件：

1）制订图 5-16 所示零件车削加工工艺。

2）编写图 5-16 所示零件车削加工程序。

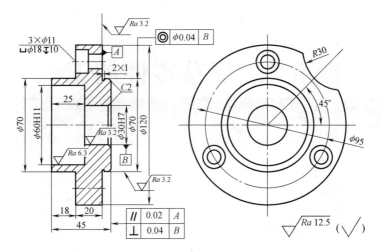

图 5-16　题 7 图

模块六　复杂零件加工

【任务目标】

一、任务描述

加工图 6-1、图 6-2 所示圆锥轴、套配合件。

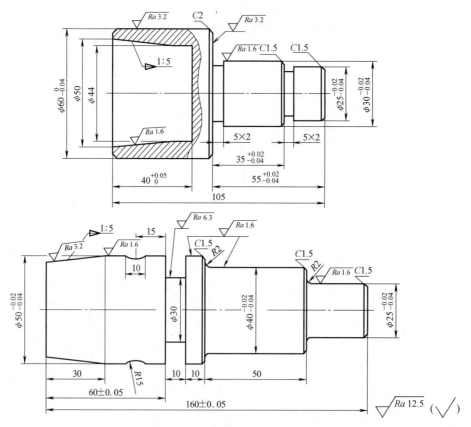

图 6-1　圆锥轴、套配合件

1. 零件图分析

图 6-1 给出了零件结构及技术要求。

2. 工作条件

（1）生产纲领　单件。

（2）毛坯　材料为 Q235A，棒料，尺寸分别为 $\phi65\text{mm} \times 110\text{mm}$、$\phi55\text{mm} \times 165\text{mm}$。

（3）生产设备　选用宝鸡机床集团有限公司生产的 FANUC 0i Mate-TC 系统的 SK40P 型数控车床。

（4）时间定额　零件加工计时 240min。

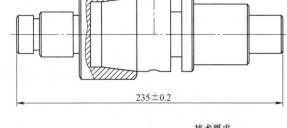

技术要求
1. 装配图接触部分涂色实验接触面积大于60%。
2. 装配后装配间隙不大于0.2mm。

图 6-2　圆锥轴、套配合件

3. 工作要求

1）工件经加工后，各尺寸符合图样要求。

2）工件经加工后，配合件要求符合图样要求。

3）工件经加工后，表面粗糙度符合图样要求。

4）正确执行安全技术操作规程。

5）按企业有关文明生产规定，做到工作地点整洁，工件、工具摆放整齐。

二、知识目标

1. 学习 G70、G71、G72、G73 指令及其编程特点。

2. 学会识读综合类零件图。

3. 学会选择加工所需的夹具和刀具。

三、技能目标

1. 熟练掌握 G70、G71、G72、G73 指令编程。

2. 学会分析综合类零件的加工工艺。

3. 会选用相关的量具对工件进行测量。

【知识链接】

1. 复合固定循环指令

复合固定循环指令的功能：只要编写出最终走刀路线，给出每次切除余量或循环次数，机床即可以自动完成重复切削，直至加工完毕。它主要有以下几种：

（1）内、外圆粗车循环指令 G71　适用于切除零件轮廓尺寸从小到大依次递增的工件的加工，切削方向平行于工件轴线方向。

指令格式：G71　U（Δd）　R（e）

G71　P（ns）　Q（nf）　U（Δu）　W（Δw）　F（f）S（s）T（t）;

说明：① Δd 为粗车背吃刀量（即 X 向切深量，半径值表示，不带符号，模态值）。

② e 为粗车退刀量（模态值）。

③ ns 为精加工程序开始程序段的段号。

④ *nf* 为精加工程序结束程序段的段号。

⑤ Δ*u* 为 X 轴方向的精加工余量（直径值，外轮廓加工其值为正，内轮廓加工时其值为负）。

⑥ Δ*w* 为 Z 轴方向的精加工余量。

⑦ *f*、*s*、*t* 为粗加工时的进给速度、主轴转速及刀具。

（2）端面粗车循环指令 G72　适用于直径大，长度短的零件加工，切削方向垂直于工件轴线方向。

指令格式：G72　W（Δ*d*）　R（*e*）；

G72　P（*ns*）　Q（*nf*）　U（Δ*u*）　W（Δ*w*）　F（*f*）S（*s*）T（*t*）；

说明：① Δ*d* 为粗车背吃刀量（即 Z 向切深，不带符号，模态值）。

② *e* 为粗车退刀量（模态值）。

③ *ns* 为精加工程序开始程序段的段号。

④ *nf* 为精加工程序结束程序段的段号。

⑤ Δ*u* 为 X 轴方向的精加工余量（直径值，外轮廓加工其值为正，内轮廓加工时其值为负）。

⑥ Δ*w* 为 Z 轴方向的精加工余量。

⑦ *f*、*s*、*t* 含义同 G71 指令。

（3）固定形状粗车循环指令 G73　适用于毛坯轮廓形状与零件轮廓形状基本接近的铸、锻毛坯件，

指令格式 G73　U（*i*）　W（*k*）　R（*d*）；

G73　P（*ns*）　Q（*nf*）　U（Δ*u*）　W（Δ*w*）　F（*f*）S（*s*）T（*t*）；

说明：① *i* 为 X 轴方向的总退刀量（模态值）。

② *k* 为 Z 轴方向的总退刀量（模态值）。

③ *d* 为循环切削次数。

④ 其他参数表示的含义与 G71、G72 参数表示含义相同。

（4）精车循环加工指令 G70　当用 G71、G72、G73 粗车工件后，用 G70 来指定精车循环，切除粗加工的余量。

指令格式：G70　P（*ns*）　Q（*nf*）；

说明：① *ns* 表示精加工开始程序段的段号。

② *nf* 表示精加工结束程序段的段号。

③ 在精车循环 G70 状态下，*ns*～*nf* 程序中指定的 F、S、T 有效。

④ 如果 *ns*～*nf* 程序中不指定 F、S、T，粗车循环中指定的 F、S、T 有效。

2. 圆锥配合是各种机械中常用的连接与配合形式

圆锥配合涉及的极限尺寸，公称尺寸及配合尺寸分别由 GB/T 157—2001《产品几何量技术规范（GPS）圆锥的锥度与锥角系列》、GB/T 11334—1989《产品几何量技术规范（GPS）圆锥公差》和 GB/T 12360—2005《产品几何量技术规范（GPS）圆锥配合》做出了规定，圆锥的检测也相应地有国家标准 GB/T 11852—2003《圆锥量规公差与技术条件》。

3. 圆锥配合的特点

与圆柱配合比较，圆锥配合有如下特点：

（1）对中性好　圆柱间隙配合中，孔与轴的中心线不重合。圆锥配合中，内、外圆锥在轴向力的作用下能自动对中，以保证内、外圆锥体的轴线具有较高精度的同轴度，且能快速装拆。

（2）配合的间隙或过盈可以调整　圆柱配合中，间隙或过盈的大小不能调整；而圆锥配合中，间隙或过盈的大小可以通过内、外圆锥的轴向相对移动来调整，且装拆方便。

（3）密封性好　内、外圆锥的表面经过配对研磨后，配合起来具有良好的自锁性和密封性。

圆锥配合虽然有以上优点，但它与圆柱配合相比，结构比较复杂，影响互换性的参数比较多，加工和检测也较困难，故其应用不如圆柱配合广泛。

4. 圆锥配合的种类

在不同的使用中，圆锥配合可分为以下 3 种类型。

（1）间隙配合　这类配合具有间隙，而且间隙大小可以调整，常用于有相对运动的机构中，如车床主轴的圆锥轴颈与圆锥轴承衬套的配合。

（2）紧密配合（也称过渡配合）　这类配合很紧密，间隙为 0 或略小于 0，主要用于定心或密封场合，如锥形旋塞、内燃机中阀门与阀门座的配合等。通常要将内、外圆锥成对研磨，故这类配合一般没有互换性。

（3）过盈配合　这类配合具有过盈，它能借助相互配合的圆锥面间的自锁产生较大的摩擦力来传递转矩，如铣床主轴锥孔与锥柄的配合。

【任务实施】

1. 工艺分析与工艺设计

本任务中的配合件是一个二件配合件，属于典型的轴、套配合零件加工。零件形状虽然并不复杂，但是为了保证相互配合，必须有严格的尺寸要求，所以加工难度大。在加工中应该注意先后顺序，通常情况下先加工较小的零件，再加工较大的零件，以便在加工过程中及时试配。在本任务中，可先加工圆锥轴套，并以此为基准来加工圆锥轴，必须保证轴、套零件的尺寸精度和几何精度。

（1）精度分析

1）圆锥轴套。在数控车削加工中，零件重要的径向加工部位有 $\phi 60_{-0.04}^{0}$ mm 圆柱段、锥度为 1:5 的圆锥段、$\phi 30_{-0.04}^{-0.02}$ mm 圆柱段、$\phi 25_{-0.04}^{-0.02}$ mm 圆柱段，其他径向加工部位相对容易加工。零件重要的轴向加工部位有轴向长度 $40_{0}^{+0.15}$ mm、$35_{-0.04}^{+0.02}$ mm、$55_{-0.04}^{+0.02}$ mm。由上述尺寸可以确定零件的轴向尺寸应该以 $\phi 60_{-0.04}^{0}$ mm 圆柱段右端面为基准。

2）圆锥轴。在数控车削加工中，零件重要的径向加工部位有 $\phi 25_{-0.04}^{-0.02}$ mm 圆柱段、$\phi 40_{-0.04}^{-0.02}$ mm 圆柱段、$\phi 50_{-0.04}^{-0.02}$ mm 圆柱段、锥度 1:5 圆锥孔表面（表面粗糙度值为 $Ra1.6\mu m$）；零件其他径向部位相对容易加工。零件重要的轴向加工部位为轴向长度 60mm ± 0.05mm，零件的总长 160mm ± 0.05mm。由上述尺寸可以确定零件的轴向尺寸应该以左端面为基准。

（2）工件坐标系的建立及装夹方案分析　圆锥轴、套的坐标系及装夹如图 6-3 所示。

（3）刀具选择　刀具选择如下：

T01：外圆车刀（主偏角 $\kappa_r = 55°$，刀尖圆角半径 $r_\varepsilon = 0.4$mm）1 把。

T02：切槽刀（刀宽 $B = 3$mm）1 把。

T03：内孔车刀 1 把。

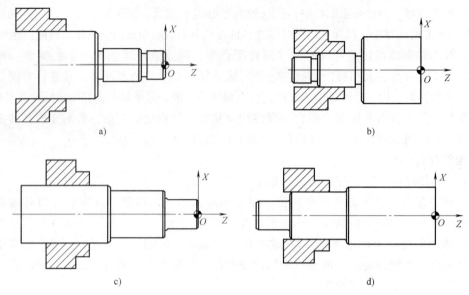

图 6-3　圆锥轴、套工件坐标系的建立及装夹示意

a) 粗精车锥套右端　b) 粗精车锥套左端　c) 粗精车圆锥轴右端　d) 粗精车圆锥轴左端

中心钻（B2.5）1 把。

ϕ16mm 钻头 1 把。

ϕ34mm 钻头 1 把（现场最大钻头）。

（4）数控加工工序卡　综合前面分析，制订圆锥轴、套的数控加工工序卡，见表 6-1 和表 6-2。

表 6-1　圆锥轴套数控加工工序卡

数控加工工序卡		产品名称或代号	零件名称	零件图号
			圆锥轴套	6-1
单位名称		夹具名称	使用设备	车间
		自定心卡盘调头后装夹,打表找正	宝鸡机床集团有限公司的 FANUC 0i Mate-TC SK40P 型数控车床	数控实训基地
序号	工艺内容	刀具号	刀具规格/mm	主轴转速 n/(r/min)	进给速度 v_f/(mm/r)	背吃刀量 a_p/mm	程序名	量具
1	粗车零件右端外轮廓	T01	外圆车刀 $\kappa_r = 55°$	600	0.25	1.0	O6001	游标卡尺(0～200mm)
2	精车零件右端外轮廓	T01	外圆车刀 $\kappa_r = 55°$	800	0.15	0.5	O6001	千分尺(0～25mm、25～50mm)
3	切槽(两处 5mm×2mm)	T02	刀宽 3	400	0.1	3.0	O6001	游标卡尺(0～200mm)
4	调头装夹,左端钻中心孔		中心钻(B2.5)	700				
5	钻孔,深度达图样要求		ϕ16 麻花钻	300				深度尺(0～200mm)
6	扩孔,深度达图样要求		ϕ34 麻花钻	200				深度尺(0～200mm)

（续）

数控加工工序卡			产品名称或代号			零件名称	零件图号	
						圆锥轴套	6-1	
单位名称			夹具名称			使用设备	车间	
			自定心卡盘调头后装夹,打表找正			宝鸡机床集团有限公司的 FANUC 0i Mate-TC SK40P 型数控车床	数控实训基地	
序号	工艺内容	刀具号	刀具规格/mm	主轴转速 n/(r/min)	进给速度 v_f/(mm/r)	背吃刀量 a_p/mm	程序名	量具
7	粗车内孔达图样要求	T03	内孔车刀	600	0.2	1.0	O6002	游标尺 深度尺
8	精车内孔达图样要求	T03	内孔车刀	800	0.15	0.5	O6002	游标尺 深度尺
9	粗车零件左端外轮廓	T01	外圆车刀 $\kappa_r=55°$	600	0.25	1.0	O6003	游标卡尺(0~200mm)
10	精车零件左端外轮廓	T01	外圆车刀 $\kappa_r=55°$	800	0.15	0.5	O6003	千分尺(0~25mm、25~50mm)
11	去毛刺							

表 6-2　圆锥轴数控加工工序卡

数控加工工序卡			产品名称或代号			零件名称	零件图号	
						圆锥轴	6-1	
单位名称			夹具名称			使用设备	车间	
			自定心卡盘调头后装夹,打表找正			宝鸡机床集团有限公司的 FANUC 0i Mate-TC SK40P 型数控车床	数控实训基地	
序号	工艺内容	刀具号	刀具规格/mm	主轴转速 n/(r/min)	进给速度 v_f/(mm/r)	背吃刀量 a_p/mm	程序名	量具
1	粗车零件右端外轮廓	T01	外圆车刀 $\kappa_r=55°$	600	0.25	1.0	O6004	游标卡尺(0~200mm)
2	精车零件右端外轮廓	T01	外圆车刀 $\kappa_r=55°$	800	0.15	0.5	O6004	千分尺(0~25mm、25~50mm)
3	调头装夹,左端钻中心孔		中心钻(B2.5)	700				
4	顶尖顶起							
5	粗车零件左端外轮廓	T01	外圆车刀 $\kappa_r=55°$	600	0.25	1.0	O6005	游标卡尺(0~200mm)
6	精车零件左端外轮廓	T01	外圆车刀 $\kappa_r=55°$	800	0.15	0.5	O6005	千分尺(0~25mm、25~50mm)
7	切槽($\phi30mm\times10mm$)	T02	刀宽3	400	0.1	3.0	O6005	游标卡尺(0~200mm)
8	去毛刺							

2. 数控编程

1）建立工件坐标系　圆锥轴、套的工件坐标系建立如图 6-3 所示，以设定的工件坐标系编程。

2）计算基点和节点　各尺寸均按照图样标注进行计算。

3）编制程序　编制 O6001~O6005 加工程序单如下。

程　序	注　释
O6001;	程序号,加工轴套右端
T0101;	选 T01 外圆车刀,调用 1 号刀具补偿
M43	主轴转速定位为高速
M03 S600;	主轴正转,转速 600r/min
G99 G00 X66 Z5;	每转进给,快速定位至点(66,5)
G71 U1 R1;	右端粗加工循环
G71 P10 Q20 U0.5 W0.5 F0.25;	
N10 G42 G00 X21.97 S800;	精车程序段开始行
G01 Z0 F0.15;	
X24.97 Z-1.5;	
Z-20;	
X26.97;	
X29.97 Z-21.5;	
Z-55;	
X55.98;	
X59.98 Z-57;	
N20 G40 G01 X66;	右端粗加工循环结束
G70 P10 Q20;	精车右端面
G00 X150 Z100;	快速退刀至换刀位置
T0202;	换 2 号切槽刀,刀宽 3mm
G00 X32 Z-20 S400;	转速 400r/min,快速定位至第一个切槽位置
G01 X21 F0.1;	开始切槽
G00 X26;	
Z-18;	
G01 X21;	
G00 X62;	
Z-55;	快速定位至第二个切槽位置
G01 X26 F0.1;	开始切槽
G00 X32;	
Z-53;	
G01 X26;	
G00 X32;	切槽结束
X150 Z100;	退刀至安全位置
M05;	主轴停止
M30;	程序结束并返回程序开始

（续）

程 序	注 释
O6002；	程序号,调头加工轴套左端内孔
T0303；	选 T03 内孔车刀,调用 3 号刀具补偿值
M43	主轴转速定位为高速
M03 S600；	
G99 G00 X33 Z5；	快速定位至最大钻孔内径略小于孔径处(33,5)
G71 U1R1；	左端内孔粗加工循环
G71 P10 Q20 U-0.5 W0.5 F0.2；	
N10 G41 G00 X50 S800；	精车程序开始行
G01 Z0 F0.15；	
X44 Z-30；	
Z-40；	
N20 G40 X14；	精车程序结束行,左端内孔粗加工循环结束
G70 P10 Q20；	精车内孔
G00 X150 Z100；	快速退刀至安全位置
M05；	主轴停止
M30；	程序结束并返回程序开始

程 序	注 释
O6003；	程序号,加工轴套左端外轮廓
T0101；	选 T01 外圆车刀,调用 1 号刀具补偿值
M43；	主轴转速定位为高速
M03 S600；	
G99 G00 X66 Z5；	每转进给,快速定位至(66,5)点
G71 U1 R1；	左端外轮廓粗加工循环
G71 P10 Q20 U0.5 W0.5 F0.25；	
N10 G42 G00 X55.98 S800；	
G01 Z0 F0.15；	
X59.98 Z-1.5；	
N20 Z-52；	左端外轮廓粗加工循环结束
G70 P10 Q20；	左端外轮廓精加工循环
G40 G00 X150 Z100；	取消刀具补偿,快速退刀至安全位置
M05；	主轴停止
M30；	程序结束并返回程序开始

程 序	注 释
O6004；	程序号,加工圆锥轴右端外轮廓
T0101；	选 T01 外圆车刀,调用 1 号刀具补偿值

（续）

程　序	注　释
M43；	
M03 S600；	
G99 G00 X56 Z5；	快速定位至(56,5)点
G71 U1 R1；	右端粗加工循环
G71 P10 Q20 U0.5 W0.5 F0.25；	
N10 G42 G00 X21.97 S800；	
G01 Z0 F0.15；	
X24.97 Z-1.5；	
Z-28；	
G02 X28.97 Z-30 R2；	
G01 X36.97；	
X39.97Z-31.5；	
Z-78；	
G02 X43.97 Z-80 R2；	
G01 X46.97；	
X49.97 Z-81.5；	
Z-92；	
N20 G40 G00 X56；	右端粗加工循环结束
G70 P10 Q20；	右端轮廓精加工
G00 X150 Z100；	快速退刀至安全位置
M05；	主轴停止
M30；	程序结束并返回程序开始

程　序	注　释
O6005；	程序号,调头加工圆锥轴左端外轮廓
T0101；	选 T01 外圆车刀,调用 1 号刀具补偿值
M43；	
M03 S600；	
G99 G00 X56 Z5；	快速定位至(56,5)点
G73 U6 W1 R6；	左端固定形状粗加工循环
G73 P10 Q20 U0.5 W0.5 F0.25；	
N10 G01 G42 X43.97 Z0 F0.15 S800；	
X49.97 Z-30；	
Z-40；	
G02 X49.97 Z-50 R15；	
G01 Z-80；	

（续）

程　序	注　释
N20 G40 G00 X56;	左端粗加工循环结束
G70 P10 Q20;	左端精加工
G00 X150 Z2;	快速退刀至安全位置
T0202;	换 T03 切槽刀,刀宽 3mm
M03 S400;	
G00 X55 Z-70;	快速定位至切槽位置
G01 X30F0.1;	切槽至 ϕ30mm
G04 P2000;	槽底暂停 2s
G00 X55;	退刀准备切第二刀
Z-67.5;	Z 方向定位,偏移 2.5mm
G01X30;	切槽至 ϕ30mm
G04 P2000;	槽底暂停 2s
G00 X55;	退刀准备切第三刀
Z-65;	Z 方向定位,偏移 2.5mm
G01X30;	切槽至 ϕ30mm
G04 P2000;	槽底暂停 2s
G00 X55;	退刀准备切第四刀
Z-63;	Z 方向定位,偏移 2mm
G01 X30;	切槽至 ϕ30mm
G04 P2000;	槽底暂停 2s
G00 X150;	快速退刀至安全位置
Z2;	由于使用了顶尖,所以退刀需考虑尾座
M05;	主轴停止
M30;	程序结束并返回程序开始位置

3. 数控加工

（1）加工前的准备

1）机床准备。选用的机床为 FANUC 0i 系列的 SK40P 型数控车床。

2）机床回零。回零时必须先回 X 轴,再回 Z 轴。

3）工具、量具和刃具准备。表 6-1 和表 6-2 工序卡列出了所用刀具和量具。

（2）工件与刀具装夹

1）工件装夹并找正。工件装夹方式如图 6-3 所示。

2）刀具安装。将加工零件的刀具依次装夹到相应的刀位上。

3）对刀与参数设置。首次对刀包括 X 和 Z 两个坐标轴方向。调头后,X 轴方向的对刀值不变,仅进行 Z 轴方向的对刀即可。因工件右端粗加工外圆及端面均留 2mm 加工余量,故在 Z 向对刀时,要注意保证总长尺寸要求后再对刀。

（3）程序输入与调试

1）输入程序。

2）刀具补偿。

3）单段调试。

4）仿真加工结果如图 6-4 所示。

 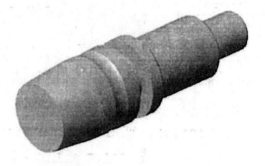

a)   b)

图 6-4　仿真加工结果

a）圆锥轴套　b）圆锥轴

4. 零件质量检验

1）不拆除圆锥轴零件，用圆锥轴套配合检查圆锥轴的锥度尺寸，并进行修整。

2）拆除工件，去毛刺、倒棱，并进行自检自查。

5. 注意事项

1）当工件是批量生产时，圆锥配合的质量检测可用圆锥环规和圆锥塞规进行检测。

2）工件需调头加工，注意工件的装夹部位和程序零点设置的位置。

3）对组合零件应考虑实际加工过程，注意编程技巧。

4）合理安排零件粗、精加工，保证零件尺寸精度。

5）配作件应注意零件的加工次序，保证尺寸精度。

6）应用 G04 指令时，槽底暂停 2s，确保加工质量。

7）外圆车刀不应与 $R15mm$ 圆弧产生干涉。

【任务评价】

任务评价项目见表 6-3。

表 6-3　任务评价项目

项　　目	技术要求		配分	得分
程序编制（45%）	刀具卡		5 分	
	工序卡		10 分	
	编制程序		30 分	
仿真操作（40%）	基本操作		10 分	
	新技能	对刀操作	15 分	
	仿真图形及尺寸		10 分	
	规定时间内完成		5 分	

（续）

项　　目	技术要求	配分	得分
职业能力（15%）	学习能力	10 分	
	表达沟通能力	5 分	
总计			

任务二　综合零件加工（二）

一、任务描述

（1）生产纲领　单件。

（2）毛坯　$\phi 40 \text{mm} \times 65 \text{mm}$ 硬铝棒料。

（3）生产设备　选用机床为宝鸡机床集团有限公司 FANUC 0i Mate-TC 系统的 SK40P 型数控车床。

（4）时间定额　完成零件加工共计 120min。

（5）加工零件　图 6-5 所示球头轴。

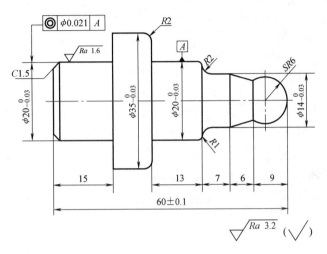

图 6-5　球头轴

二、工艺分析与工艺设计

1. 精度分析

本任务零件重要的径向加工部位有：$\phi 20_{-0.03}^{0}$ mm 圆柱段（两处）、$\phi 35_{-0.03}^{0}$ mm 圆柱段、$\phi 14_{-0.03}^{0}$ mm 圆柱段；零件其他径向部位相对容易加工。零件重要的轴向加工部位为零件总长 60mm ± 0.1mm，其他未注公差尺寸按照 GB/T 1804-m 执行。除此之外，零件有同轴度要求，因此装夹定位时需找正。

2. 零件装夹方案

采用自定心卡盘装夹。

3. 加工刀具分析

刀具选择如下：

T01：93°机夹外圆车刀 1 把。

T02：35°机夹外圆车刀 1 把。

4. 制作工序卡片

零件数控加工工序卡见表 6-4。

表6-4 数控加工工序卡

数控加工工序卡		产品名称或代号	零件名称	零件图号
			球头轴	6-5
单位名称		夹具名称	使用设备	车间
		自定心卡盘 调头后装夹,打表找正	宝鸡机床集团有限公司的 FANUC 0i Mate-TC SK40P 型数控车床	数控实训基地

序号	工艺内容	刀具号	刀具规格	主轴转速 $n/(\text{r/min})$	进给速度 $v_{\text{f}}/(\text{mm/r})$	背吃刀量 a_{p}/mm	程序名	量具
1	车右端面	T01	外圆车刀 $\kappa_{\text{r}}=93°$	600	0.2	2.0	O6006	游标卡尺(0~200mm)
2	粗车零件右端外轮廓	T02	外圆车刀 $\kappa_{\text{r}}=35°$	600	0.25	1.0	O6006	游标卡尺(0~200mm)
3	精车零件右端外轮廓	T02	外圆车刀 $\kappa_{\text{r}}=35°$	800	0.15	0.5	O6006	千分尺(0~25、25~50mm)
4	粗车零件左端外轮廓	T01	外圆车刀 $\kappa_{\text{r}}=93°$	600	0.25	1.0	O6007	游标卡尺(0~200mm)
5	精车零件左端外轮廓	T01	外圆车刀 $\kappa_{\text{r}}=93°$	800	0.15	0.5	O6007	千分尺(0~25mm、25~50mm)
6	去毛刺							

三、数控编程

1. 工件装夹及建立工件坐标系

零件分左、右端加工,如图6-6所示。其中,图6-6a所示为加工零件右端时的装夹及工件坐标系建立,图6-6b所示为加工零件左端时的装夹及工件坐标系建立。

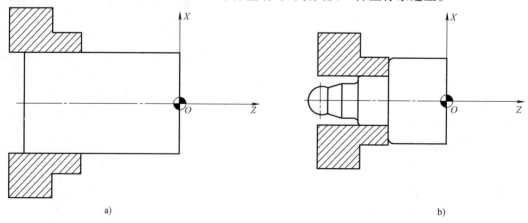

a)   b)

图6-6 工件装夹及工件坐标系建立
a)加工右端时 b)加工左端时

2. 计算基点与节点

对标注有公差的尺寸应采用平均尺寸编程。由图6-7可知

$$BC = \sqrt{AB^2 - AC^2} = \sqrt{6^2 - (9-6)^2} = 5.196$$

因此，点 B 的坐标为（10.392，−9），其他点的坐标均可直接由图纸尺寸标注算出。

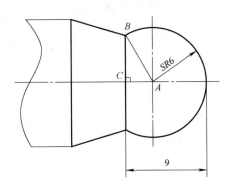

图 6-7 基点坐标的计算

3. 编制程序

编制零件加工程序如下。

程　　序	注　　释
O6006	程序号,加工零件右端
T0101;	换 1 号刀,调用 1 号刀具补偿值
M43;	主轴档位定位为高速
M03 S600;	
G99 G00 X42 Z2;	快速定位
G94 X-0.5 Z0 F0.2;	车端面
G00 X150 Z100;	
T0202;	
G00 X42 Z2;	
G73 U18 W5 R18;	固定形状粗车右端外轮廓
G73 P10 Q20 U0.5 W0.5 F0.25;	
N10 G42 G01 X0 Z0 F0.15 S800;	
G03 X10.392 Z-9 R6;	
G01 X13.98 Z-15;	
Z-20;	
G02 X17.98 Z-22 R2;	
G03 X19.98 Z-23 R1;	
G01 Z-35;	
X30.98;	

（续）

程 序	注 释
G03 X34.98 Z-37 R2;	
G01 Z-47;	
N20 G40 X40;	外轮廓粗车循环结束
G70 P10 Q20;	精车右端外轮廓
G00 X150 Z100;	快速退刀至安全位置
M05;	主轴停止
M30;	程序结束并返回程序开始位置

程 序	注 释
O6007;	程序名,调头加工零件左端
T0101;	换 1 号刀,调用 1 号刀具补偿值
M43;	主轴档位定位为高速
M03 S600;	
G00 X42 Z2;	快速定位至工件附近
G71 U1 R1;	粗车循环外轮廓
G71 P10 Q20 U0.5 W0.5 F0.25;	
N10 G42 G00 X16.98 S800;	
G01 X19.98 Z-1.5;	
Z-15;	
X35;	
N20 G40 X40;	外轮廓粗车循环结束
G70 P10 Q20;	精车左端外轮廓
G00 X150 Z100;	快速退刀至安全位置
M05;	主轴停止
M30;	程序结束并返回程序开始位置

四、零件质量检测

1. 外圆直径的检测

外径千分尺的主要用途是测量零件的外径，当然也可测量一些长度尺寸。外径千分尺又简称"千分尺"。实际上，千分尺的分度值是 0.01mm。

2. 球面检测

1）用圆孔面检测。

2）用样板检测。

3. 几何公差的检测 （略）

4. 表面粗糙度的检测 （略）

五、仿真加工结果（图 6-8）

图 6-8　球头轴零件仿真加工结果

【任务评价】

任务评价项目见表 6-5。

表 6-5　任务评价项目

项　　目	技术要求		配分	得分
程序编制（45%）	刀具卡		5 分	
	工序卡		10 分	
	编制程序		30 分	
仿真操作（40%）	基本操作		10 分	
	新技能	对刀操作	15 分	
	仿真图形及尺寸		10 分	
	规定时间内完成		5 分	
职业能力（15%）	学习能力		10 分	
	表达沟通能力		5 分	
总计				

思 考 与 练 习

1. G00 与 G01 都是从一点移动到另一点，两者在使用上有什么区别？

2. 什么是刀具补偿？数控车床上加工零件时一般需要考虑哪些刀具补偿？

3. 试述 G70、G71、G72、G73 指令的含义及应用场合？

4. 请在 FANUC 0i Mate-TC 数控车床上对图 6-9 所示的零件进行编程，材料为 45 钢，毛坯尺寸为 $\phi35\text{mm} \times 100\text{mm}$。

1）零件加工需要先粗加工，然后进行精加工。

2）切槽，使用宽为 3mm 的切槽刀。

3）工件需要掉头加工，且需要使用刀具半径补偿功能。

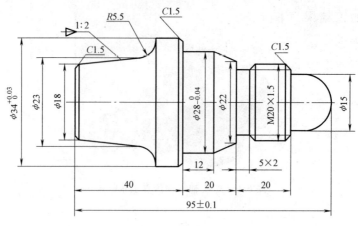

图 6-9　题 4 图

5. 请在 FANUC 0i Mate-TC 数控车床上对图 6-10 所示的复杂零件进行编程，材料为 45 钢，毛坯尺寸为 $\phi50\text{mm} \times 100\text{mm}$、$\phi50\text{mm} \times 50\text{mm}$。

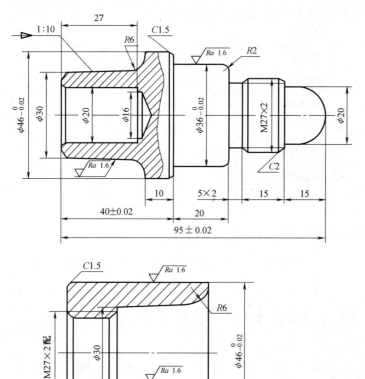

技术要求

1. 未注倒角 C0.5。

2. 未注公差 ± 0.05。

3. 不得使用锉刀、砂纸等修光工件表面。

4. 不得在图样上涂改乱画。

图 6-10　题 5 图

1）零件加工需要先粗加工，然后进行精加工。

2）切槽，使用刀宽为 3mm 的切槽刀。

3）工件需要调头加工，且需要使用刀具半径补偿功能。

4）编程时需要考虑工件装夹定位位置，以确定编程尺寸。

模块七　非圆曲线轮廓类零件加工

一、任务描述

试用 B 类宏程序编写图 7-1 所示的绕线筒曲线轮廓的数控车削加工程序。

二、知识目标

1. 学习宏程序指令及其编程特点。
2. 掌握宏程序编程格式。
3. 学会编写宏程序。

三、技能目标

1. 熟练掌握使用宏程序指令编程。
2. 学会分析非圆曲线轮廓类零件的加工工艺。
3. 会选用相关的量具进行测量。

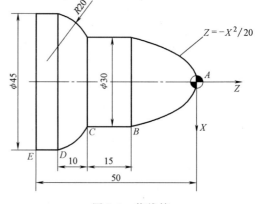

图 7-1　绕线筒

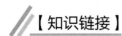

【知识链接】

用户宏程序是 FANUC 数控系统及其类似产品中的特殊编程功能。用户宏程序的实质与子程序相似，它也是把一组实现某种功能的指令以子程序的形式预先存储在系统存储器中，使用时通过宏程序调用指令执行这一功能。

用户宏程序分为 A、B 两类，通常情况下，FANUC OTD 系统采用 A 类宏程序，而 FANUC 0i 系统采用 B 类宏程序。本书以 B 类宏程序为例进行讲解。

1. 宏程序指令及其编程特点

（1）运算指令　B 类宏程序的运算指令与 A 类宏程序的运算指令有很大的区别，它的运算类似于数学运算，采用各种数学符号来表示。B 类宏程序的变量运算指令见表 7-1。

表 7-1　B 类宏程序的变量运算指令

功能	指令格式	备注与示例
定义、转换	#i = #j	#100 = #1，#100 = 30. 0
加法	#i = #j + #k	#100 = #1 + #2

（续）

功能	指令格式	备注与示例
减法	#i = #j − #k	#100 = 100 − #2
乘法	#i = #j ∗ #k	#100 = #1 ∗ #2
除法	#i = #j/#k	#100 = #1/30
正弦	#i = SIN[#j]	
反正弦	#i = ASIN[#j]	#100 = SIN[#1]
余弦	#i = COS[#j]	#100 = COS[36.3 + #2]
反余弦	#i = ACOS[#j]	#100 = ATAN[#1]/[#2]
正切	#i = TAN[#j]	
反正切	#i = ATAN[#j]/[#k]	
平方根	#i = SQRT[#j]	
绝对值	#i = ABS[#j]	
舍入	#i = ROUND[#j]	#100 = EXP[#1]
下取整	#i = FIX[#j]	#100 = SQRT[#1 ∗ #1 − 100]
上取整	#i = FUP[#j]	
自然对数	#i = LN[#j]	
指数函数	#i = EXP[#j]	
或	#i = #j OR #k	
异或	#i = #j XOR #k	逻辑运算一位一位地按二进制执行
与	#i = #j AND #k	
BCD 转 BIN	#i = BIN[#j]	用于与 PMC 的信号交换
BIN 转 BCD	#i = BCD[#j]	

示例：设#1 = 1.2，#2 = −1.2。

执行#3 = FUP[#1]时，2.0 赋给#3；

执行#3 = FIX[#1]时，1.0 赋给#3；

执行#3 = FUP[#2]时，−2.0 赋给#3；

执行#3 = FUP[#1]时，−1.0 赋给#3。

（2）控制指令　控制指令起到控制程序流向的作用。

1）分支语句。

指令格式一：GOTO n；

示例：GOTO 1000；

说明：该指令为无条件转移指令。当执行该程序段时，将无条件转移到 N1000 程序段执行。

指令格式二：IF[条件表达式]GOTO n；

示例：IF[#1 GT #100]GOTO 1000；

说明：该语句为有条件转移语句。举例中，如果条件成立，则转移到 N1000 程序段执行；如果条件不成立，则执行下一程序段。条件表达式的种类见表 7-2

表 7-2　B 类宏程序条件表达式的种类

条件	意义	示例
#i EQ #j	等于（=）	IF[#5 EQ #6]GOTO 100
#i NE #j	不等于（≠）	IF[#5 NE 100]GOTO 100
#i GT #j	大于（>）	IF[#5 GT #6]GOTO 100
#i GE #j	大于等于（≥）	IF[#5 GE #6]GOTO 100

（续）

条　件	意　义	示　例
#i LT #j	小于（<）	IF［#5 LT #6］GOTO 100
#i LE #j	小于等于（≤）	IF［#5 LE #6］GOTO 100

2）循环语句。

指令格式：WHILE［条件表达式］DO m（m = 1，2，3...）；

...

END m；

当条件满足时，就循环执行 WHILE 与 END 之间的程序段 m 次，当条件不满足时，就执行 END m 的下一段程序。

2. 宏程序格式

（1）变量

1）变量的表示。B 类宏程序除可以采用 A 类宏程序的变量表示方法外，还可以用表达式表示，但该表达式必须全部写入方括号"［］"中。程序中的圆括号"（）"仅用于注释。

示例：#［#1 + #2 + 10］，当#1 = 10，#2 = 100 时，该变量表示#120。

2）变量的引用。引用变量也可以采用表达式。

示例：G01 X［#100 − 30］Y-#101 F［#101 + #103］；

当#100 = 100.0，#101 = 50.0，#103 = 80.0 时，该语句即表示"G01 X70.0 Y-50.0 F180"。

（2）变量的赋值

1）直接赋值。变量可以在操作面板上用 MDI 方式直接赋值，也可以在程序中以等式方式赋值。但等号左边不能用表达式。

示例：#100 = 100.0；

　　　　#100 = 30.0 + 20.0；

2）引数赋值。宏程序以子程序方式出现，所有的变量可在宏程序调用时赋值。

例如：G65 P1000 X100.0 Y30.0 Z20.0 F100.0；

该处的 X、Y、Z 不代表坐标字，F 也不代表进给字，而是对应于宏程序中的变量号，变量的具体数值由引数后的数值决定。引数宏程序体中的变量对应关系有两种，见表 7-3、表 7-4，并且这两种方法可以混用。其中，G、L、N、O、P 不能作为引数代替变量赋值。

表 7-3　变量引数赋值方法 I

引数	变量	引数	变量	引数	变量	引数	变量
A	#1	I_3	#10	I_6	#19	I_9	#28
B	#2	J_3	#11	J_6	#20	J_9	#29
C	#3	K_3	#12	K_6	#21	K_9	#30
I_1	#4	I_4	#13	I_7	#22	I_{10}	#31
J_1	#5	J_4	#14	J_7	#23	J_{11}	#32
K_1	#6	K_4	#15	K_7	#24	K_{12}	#33
I_2	#7	I_5	#16	I_8	#25		
J_2	#8	J_5	#17	J_8	#26		
K_2	#9	K_5	#18	K_8	#27		

表 7-4　变量引数赋值方法 II

引数	变量	引数	变量	引数	变量	引数	变量
A	#1	H	#11	R	#18	X	#24
B	#2	I	#4	S	#19	Y	#25
C	#3	J	#5	T	#20	Z	#26
D	#7	K	#6	U	#21		
E	#8	M	#13	V	#22		
F	#9	Q	#17	W	#23		

【例 1】　变量引数赋值方法 I：

G65 P0030 A50.0 I40.0 J100.0 K0 I20.0 J10.0 K40.0；

经赋值后#1 = 50.0，#4 = 40.0，#5 = 100.0，#6 = 0，#7 = 20.0，#8 = 10.0，#9 = 40.0。

程序中第一次出现的 "I" 为 I_1，第二次出现的 "I" 为 I_2，依此类推。

【例 2】　变量引数赋值方法 II：

G65 P0020 A50.0 X40.0 F100；

经赋值后#1 = 50.0，#24 = 40.0，#6 = 100.0

【例 3】　变量引数赋值方法 I 和 II 混合使用：

G65 P0030 A50.0 D40.0 I100.0 K0　I20.0；

经赋值后，I20.0 与 D40.0 同时分配给变量#7，则后一个#7 有效，所以变量#7 = 20.0，其余同上。

3. 学会编写宏程序

采用变量赋值后，完成图 7-2 所示零件的精加工宏程序。程序如下：

O00503；　　　　　　　　　　　　　　　　　主程序

...

G65 P0504 A12.5 B25.0 C0.0 D126.86 F100.0；　赋值后，X 向半径#1 = 12.5，Z 向半径
　　　　　　　　　　　　　　　　　　　　　　#2 = 25.0，角度起始角#7 = 126.86，
　　　　　　　　　　　　　　　　　　　　　　进给速度#9 = 100.0

...

O00504；　　　　　　　　　　　　　　　　　精加工宏程序

N1000 #4 = #1 * SIN［#3］；　　　　　　　　注意 B 类宏程序中运算指令的书写格
　　　　　　　　　　　　　　　　　　　　　　式以及方括号 "［ ］" 的运用

#5 = #2 * COS［#3］；

#6 = #4 * 2；

#8 = #5 - #2；

G01 X#6 Z#8 F#9；

#3 = #3 + 0.01；

IF［#3 LF #7］GOTO 1000；

M99；

【任务实施】

一、确定数控车削加工工艺

1. 分析零件图

需要加工的表面有抛物线曲面、外圆表面、圆弧面，通过切断保证尺寸 50mm。

2. 确定加工工艺

（1）确定工艺路线　该零件分 3 个工步完成：粗车外表面→精车外表面→切断。

（2）选择装夹表面与夹具　装夹 $\phi50$mm 棒料的外圆表面，使用自定心卡盘，工件伸出长度为 70mm。

（3）选择刀具

1）1 号刀为 90°偏刀，加工表面。

2）2 号刀为切断刀，切断，选择左刀尖点作为刀位点，刀宽 4mm。

（4）确定切削用量（表 7-5）。

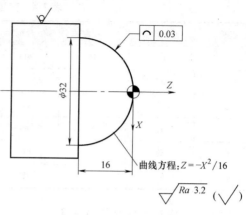

图 7-2　宏程序应用示例

曲线方程：$Z = -X^2/16$

表 7-5　切削用量

工步＼切削用量	背吃刀量/mm	进给量/(mm/r)	主轴转速/(r/min)
粗车抛物线外表面	2	0.2	120
精车抛物线外表面	0.5	0.1	180
切断		0.1	50

3. 设定工件坐标系

选取工件右端面的中心点为工件坐标系原点。

4. 计算各基点坐标

各基点坐标见表 7-6。

表 7-6　各基点坐标

点	坐标值(X,Z)	点	坐标值(X,Z)
A	$(0,0)$	D	$(45,W-10)$
B	$(30,-11.25)$	E	$(45，-50)$
C	$(30,W-15)$		

二、编制数控加工程序

程　序	注　释
O2031；	程序名为 O2031
N10 G21 G99 G40；	坐标单位为米制单位,进给量为每转进给,取消刀具半径补偿

（续）

程　　序	注　　释
N20 G50 X100 Z100；	建立工件坐标系
N30 T0101；	调用1号刀,调用1号刀偏置值,此处因为用G50指令建立坐标系,故1号刀的偏置值应该为0
N40 G97 S500 M03；	主轴转速为500r/min,主轴正转
N50 G00 X54 Z5	车端面
N60 G01 X-1 F0.1；	
N70 G00 Z2 X54；	快速移动到外径粗车循环的起点
N80 G71 U2 R1；	采用外径粗车循环并设置参数
N90 G71 P100 Q140 U1 W0.2 F0.2；	
N100 G00 X30 Z2 S180；	零件精加工走刀轨迹(不包括抛物线曲面)
N110 G01 Z-27.5 F0.1；	
N120 G03 X45 W-10 R20；	
N130 G01 Z-56；	
N140 X54；	
N150 G70 P100 Q140；	精加工零件
N160 G00 X54 Z2；	退刀
N170 X32 S120；	刀具快速移动到直线切削循环指令起点
N180 #1 = 28；	#1 为每次切削循环终点 X 值,首次为 X = 28
N190 #2 = [#1/2] * [#1/2]/20 + 0.3；	#2 为每次切削循环终点 Z 值
N200 G90 X[#1] Z[#2] F0.2；	直线切削循环加工
N210 #1 = #1-2；	修改切削循环终点 X 值
N220 IF [#1 GE0] GOTO 190；	判断是否进行下一次直线切削循环加工
N230 G00 X0 Z2 S180；	刀具快速移动到点精加工抛物线曲面的起点
N240 G01 Z0 F0.1；	开始精加工
N250 #3 = 0；	#3 表示 X 坐标值
N260 #4 = -[#3/2] * [#3/2]/20；	#4 表示 Z 坐标值
N270 G01 X[#3] Z[#4]；	刀具直线插补,精加工抛物线曲面
N280 #3 = #3 + 0.05；	修改 X 坐标值
N290 IF [#3LT30] GOTO 260；	判断精加工抛物线曲面是否结束
N310 G00 X100 Z100；	快速移动到换刀点
N320 T0202；	换2号刀,调用2号刀补偿值
N330 G00 X47 Z-54 S50；	切断
N340 G01 X-1 F0.1；	
N350 G00 X100；	退刀
N360 Z100；	
N370 M05；	主轴停止转动
N380 M30；	程序结束

三、仿真加工

仿真加工的过程：

1）启动软件。

2）选择机床与数控系统，本书主要采用 FANUC 0i 数控系统。

3）激活机床。

4）设置工件并安装。

5）选择刀具并安装。

6）试切法对刀。此处用 G50 设定工件坐标系的对刀方法如下：

① 用外圆车刀先试车一外圆，测量外圆直径后，把刀沿 Z 轴正方向退刀，切端面到中心（X 轴坐标减去直径值）。

② 选择 MDI 方式，输入"G50 X0 Z0；"，按循环启动键，把当前点设为零点。

③ 选择 MDI 方式，输入"G00 X150 Z150；"，使刀具离开工件进刀加工。

④ 这时程序开头为"G50 X150 Z150…"。

⑤ 注意：用"G50 X150 Z150"，起点和终点必须一致，即（X150，Z150），这样才能保证重复加工不乱刀。

7）自动加工。

8）测量尺寸。

【任务评价】

任务评价项目见表 7-7。

表 7-7　任务评价项目

项　　目	技术要求		配分	得分
程序编制（45%）	刀具卡		5 分	
	工序卡		10 分	
	编制程序		30 分	
仿真操作（40%）	基本操作		10 分	
	新技能	对刀操作	15 分	
	仿真图形及尺寸		10 分	
	规定时间内完成		5 分	
职业能力（15%）	学习能力		10 分	
	表达沟通能力		5 分	
总计				

思考与练习

1. 什么是宏程序？

2. 用宏程序编程有什么好处？

3. 试编写图 7-3 所示椭圆的粗、精加工宏程序。

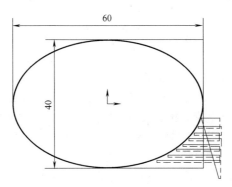

图 7-3　题 3 图

4. 为什么要把变量分成局部变量和全局变量?

5. 什么时候用全局变量? 什么时候用局部变量?

6. 设#1 = 2.2, #2 = -2.1

执行#3 = FUP [#1] 时, #3 = ?

执行#3 = FIX [#1] 时, #3 = ?

执行#3 = FUP [#2] 时, #3 = ?

执行#3 = FUP [#1] 时, #3 = ?

7. 设#3 = 2, #1 = 1

#4 = [#3/2] * #1

#4 = ?

8. 试编写图 7-4 所示零件的加工程序。

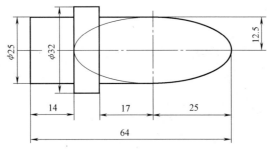

图 7-4　题 8 图

9. 试编写图 7-5 所示抛物线的宏程序。

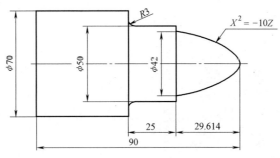

图 7-5　题 9 图

参 考 文 献

［1］ 顾京. 数控加工编程及操作 ［M］. 北京：高等教育出版社，2004.

［2］ 高枫，肖卫宁. 数控车削编程与操作训练 ［M］. 2 版. 北京：高等教育出版社，2005.

［3］ 谢晓红. 数控车削编程与加工技术 ［M］. 3 版. 北京：电子工业出版社，2015.

［4］ 张磊光，周飞. 数控加工工艺学 ［M］. 北京：电子工业出版社，2007.

［5］ 顾雪艳. 数控加工编程操作技巧与禁忌 ［M］. 北京：机械工业出版社，2007.

［6］ 周文兰. 数控车削实训与考级 ［M］. 北京：中国铁道出版社，2010.

［7］ 华东升. 机械制造基础 ［M］. 北京：中国劳动社会保障出版社，2006.

［8］ 侯放. 机床夹具 ［M］. 北京：中国劳动社会保障出版社，2007.

［9］ 翟瑞波. 数控加工工艺 ［M］. 北京：北京理工大学出版社，2010.